Yong-Ho Kim
Kwang-Ok Li

Las ecuaciones de Navier-Stokes en 3D

Yong-Ho Kim
Kwang-Ok Li

Las ecuaciones de Navier-Stokes en 3D

con amortiguación en los dominios delimitados

Editorial Académica Española

Imprint

Any brand names and product names mentioned in this book are subject to trademark, brand or patent protection and are trademarks or registered trademarks of their respective holders. The use of brand names, product names, common names, trade names, product descriptions etc. even without a particular marking in this work is in no way to be construed to mean that such names may be regarded as unrestricted in respect of trademark and brand protection legislation and could thus be used by anyone.

Cover image: www.ingimage.com

This book is a translation from the original published under ISBN 978-620-0-53957-1.

Publisher:
Editorial Académica Española
is a trademark of
Dodo Books Indian Ocean Ltd., member of the OmniScriptum S.R.L Publishing group
str. A.Russo 15, of. 61, Chisinau-2068, Republic of Moldova Europe
Printed at: see last page
ISBN: 978-620-0-36498-2

Las ecuaciones de 3D Navier-Stokes con amortiguación en los dominios delimitados

Yong-Ho Kim, Kwang-Ok Li

Departamento de Matemáticas, Universidad de Ciencias, Pyongyang, RDP de Corea

Prefacio

Esta monografía está motivada por algún problema matemático de la dinámica de fluidos. Las ecuaciones de Navier-Stokes son las ecuaciones que gobiernan el movimiento de los fluidos habituales como el agua, el aire, el aceite,..., y la regularidad y singularidad de las soluciones débiles de las ecuaciones tridimensionales de

Navier-Stokes permanecen completamente abiertas a pesar de los intereses de muchos matemáticos.

Decimos que las ecuaciones en las que el término $-\alpha |u|^{\beta-1} u$ se inserta en la mano derecha de la ecuación de conservación del momento son las ecuaciones de Navier-Stokes con amortiguación y las ecuaciones describen el flujo con la resistencia al movimiento como el flujo de medios porosos y los efectos de arrastre o fricción. Desde un punto de vista matemático, las ecuaciones pueden ser vistas como una modificación de las ecuaciones de Navier-Stokes con el término de regularización $-\alpha |u|^{\beta-1} u$. Por lo tanto, es importante encontrar las condiciones de los parámetros para garantizar las propiedades de regularidad y unicidad de las soluciones débiles de las ecuaciones.

En esta monografía consideramos los problemas de los valores límite iniciales para las ecuaciones de Navier-Stokes con amortiguación y el sistema Boussinesq con amortiguación en un $\Omega \subset \square^3$ conjunto delimitado, respectivamente.

En primer lugar, vamos a demostrar la existencia de soluciones fuertes de ambos problemas siempre o $5 > \beta > 3, \alpha > 0 \ \alpha \nu > 1/4$ ($\beta = 3, \nu$ es la viscosidad).

En segundo lugar, bajo las condiciones o $\beta > 3, \alpha > 0 \ \beta = 3, \ \alpha \nu \geq 1/4$, la singularidad de las soluciones débiles de Leray-Hopf de las ecuaciones de Navier-Stokes con amortiguación se demuestra y el resultado se extiende al sistema Boussinesq con amortiguación.

Finalmente, encontramos condiciones sobre los parámetros para garantizar la existencia y la estabilidad asintótica global de las soluciones temporales y periódicas de ambos problemas, respectivamente.

Estamos profundamente agradecidos con Cristina Sevcenco por invitarnos a escribir esta monografía para el Grupo Editorial OmniScriptum, y por el constante estímulo durante la preparación de este trabajo.

Capítulo 1. Las ecuaciones de Navier-Stokes con amortiguación

En este capítulo consideramos las ecuaciones de Navier-Stokes con amortiguación en un conjunto delimitado $\Omega \subset \square^{3}$.

Demostraremos la existencia de soluciones fuertes, la singularidad de las soluciones débiles de Leray-Hopf y la convergencia de las soluciones débiles con las soluciones temporales bajo ciertas condiciones de parámetros.

1. Introducción

En este Capítulo consideramos las ecuaciones tridimensionales de Navier-Stokes con amortiguación no lineal

$$\begin{cases} u_t - v\Delta u + (u \cdot \nabla)u + \alpha |u|^{\beta-1} u + \nabla p \\ \qquad = f(x,t), \quad (x,t) \in \Omega \times (0,\infty), \\ \operatorname{div} u = 0, \qquad (x,t) \in \Omega \times (0,\infty), \\ u\big|_{t=0} = u_0, \qquad\qquad x \in \Omega, \\ u\big|_{\partial\Omega} = 0, \qquad\qquad t \in (0,\infty), \end{cases} \tag{1.1}$$

7

donde y $\alpha>0, \beta \geq 1 \nu>0$ son constantes y $f(x,t)$ es la fuerza externa. $\Omega \subset \square^3$ es un conjunto de límites abiertos con el límite $\partial\Omega$ lo suficientemente liso. Las funciones desconocidas son la $u_3(x,t))$ $p(x,t)$ velocidad $u(x,t)=(u_1(x,t),u_2(x,t),$ y la presión del fluido, respectivamente.

Para el caso $\alpha = 0$, las ecuaciones son las tres

Las ecuaciones dimensionales de Navier-Stokes y la regularidad y la singularidad de las soluciones débiles permanecen completamente abiertas a pesar de los intereses de muchos matemáticos.

Para el caso $\alpha > 0$, el problema (1.1) describe el flujo con la resistencia al movimiento como el flujo de medios porosos y los efectos de arrastre o fricción. Se dice que las ecuaciones son las ecuaciones de Navier-Stokes con amortiguación, ecuaciones de Navier-Stokes amortiguadas, las ecuaciones de Navier-Stokes por un término de absorción o el modelo Darcy extendido de

Sin embargo, no se demostró la existencia de soluciones globales fuertes cuando $7/2 > \beta \geq 1$ $\Omega \subset \square^3$ se limita. Además, para el problema (1.1), si la solución débil, que no es suave, es única o no está todavía abierta en el caso de $\beta \geq 4$.

Por otra parte, en [26, 27], se $\Omega \subset \square^3$ demostró la existencia de un atractor global para el problema en el conjunto delimitado $5 \geq \beta \geq 7/2$.

Las soluciones temporales de las ecuaciones de Navier-Stokes y sus variantes han sido estudiadas por varios autores (véase, por ejemplo, [4, 8, 12, 21]). Beirão da Vega demostró la existencia de las soluciones temporales de las ecuaciones de Navier-Stokes en un dominio sin límites en [4]. Da Prato y Debussche han estudiado las soluciones periódicas de las ecuaciones estocásticas 2D de Navier-Stokes en [8] y Galdi y Sohr demostraron la singularidad de las soluciones periódicas de las ecuaciones de Navier-Stokes en [12] bajo algunos supuestos. En [21], Maremonti demostró la existencia y la estabilidad de las soluciones espacio-temporales en todo el espacio.

Motivados por el trabajo anterior, estudiaremos las incompresibles Ecuaciones de Navier-Stokes (1.1) con amortiguación y condiciones de límite de Dirichlet homogéneas en un dominio delimitado 3D.

En primer lugar, vamos a mejorar las condiciones de los parámetros para garantizar la existencia global de soluciones fuertes de (1.1) como o $5 > \beta > 3, \alpha > 0$ $\alpha v > 1/4$. $\beta = 3$, En segundo lugar, demostraremos la singularidad de las soluciones débiles de Leray-Hopf proporcionadas o $\beta > 3, \alpha > 0 \ \alpha v \geq 1/4$. $\beta = 3$, En tercer lugar encontraremos las condiciones sobre los parámetros para garantizar la existencia y la estabilidad de las soluciones estacionarias o las soluciones temporales.

Las pruebas se basan principalmente en la comprobación del sistema con u, u_t, Au una nueva desigualdad algebraica.

Una parte de este Capítulo ha sido presentada en [18, 19].

2.   Notas y Definiciones

Definimos el conjunto habitual

$$C_{0,\sigma}^{\infty} := \left\{ u \in \left(C_0^{\infty}(\Omega) \right)^3 : \mathrm{div}\, u = 0 \right\}.$$

Deje y L_σ^2 V denote el cierre de $C_{0,\sigma}^{\infty}$ en el espacio y $(L^2(\Omega))^3$ $(H_0^1(\Omega))^3$, respectivamente. Los espacios y L_σ^2 V están dotados, respectivamente, de los productos internos

$$(u,\upsilon) = \int_{\Omega} u \cdot \upsilon\, dx, \ \ \forall u,\upsilon \in L_\sigma^2,$$

$$((u,\upsilon)) = \int_{\Omega} \nabla u \cdot \nabla \upsilon\, dx, \ \ \forall u,\upsilon \in V$$

donde

$$u \cdot \upsilon = \sum_{i=1}^{3} u_i \upsilon_i, \nabla u \cdot \nabla \upsilon = \sum_{i,j=1}^{3} \partial_i u_j \partial_i \upsilon_j, \ \partial_i := \frac{\partial}{\partial x_i}$$

(véase [28]).

Denota el espacio dual de by V V' y las normas en by $(L^p(\Omega))^3 (1 \le p \le \infty)$ y $\|\cdot\|_p$ $\|\cdot\| = \|\cdot\|_2$. Denota

$$b(u,\upsilon,w) = \sum_{i,j=1}^{3} \int_{\Omega} u_i \partial_i \upsilon_j w_j \, dx.$$

Definición 2.1. Se dice u que una función es una <u>solución débil</u> de (1.1) si pertenece a u $L_{loc}^{\infty}(0,\infty;L_{\sigma}^{2}) \cap L_{loc}^{2}(0,\infty;V) \cap L_{loc}^{\beta+1}(0,\infty;(L^{\beta+1}(\Omega))^3)$ y satisface

$$\begin{cases} \dfrac{d}{dt}(u,\upsilon) + v((u,\upsilon)) + b(u,u,\upsilon) + \alpha(|u|^{\beta-1}u,\upsilon) \\ \qquad\qquad = (f,\upsilon), \ \ \forall \upsilon \in V \cap (L^{\beta+1}(\Omega))^3, t > 0, \\ u(0) = u_0. \end{cases} \tag{2.1}$$

La formulación débil (2.1) es equivalente a la ecuación abstracta

$$\begin{cases} \dfrac{du}{dt} + vAu + B(u) + G(u) = Pf, t > 0, \\ u(0) = u_0, \end{cases} \tag{2.2}$$

donde P es la proyección ortogonal de $(L^2(\Omega))^3$ y L_{σ}^2 $Au = -P\Delta u$ es el operador de Stokes. $B : V \times V \to V'$ es un operador bilineal definido por

$$<B(u,\upsilon),w>_{V'V} = b(u,\upsilon,w) \ \ B(u) = B(u,u),,$$

$$G(u) = \alpha P |u|^{\beta-1} u$$

y $<\cdot,\cdot>_{V'V}$ es el producto de la dualidad entre y V V'.

Definición 2.2. Decimos que u es una <u>solución fuerte</u> de (1.1) si u es una solución débil de (1.1) y satisface

$$u \in L^{\infty}_{loc}(0,\infty; V \cap (L^{\beta+1}(\Omega))^3) \cap L^2_{loc}(0,\infty; D(A)),$$

$$u_t \in L^2_{loc}(0,\infty; L^2_{\sigma}) \ .$$

Definición 2.3. Una solución débil u de (1.1) se llama <u>solución débil de Leray-Hopf</u> de (1.1) si es que hay alguna $t > 0$,

$$\frac{1}{2}\|u(t)\|^2 + v\int_0^t \|\nabla u(s)\|^2 \, ds + \alpha \int_0^t \|u(s)\|^{\beta+1}_{\beta+1} \, ds$$

$$\leq \frac{1}{2}\|u_0\|^2 + \int_0^t (f(s),u(s))ds$$

(2.3)

(cf. [25])

Sean las $\omega_1,\omega_2,\cdots,\omega_k,\cdots$ funciones propias del operador de Stokes y una base orto-normal completa de L^2_{σ}. Sea W_m el espacio abarcado por y $\{\omega_1,\omega_2,\cdots,\omega_m\}$ P_m sea el proyector ortogonal en L^2_{σ} W_m. Considere las funciones

$$u_m^{(\alpha)}(x,t) = \sum_{k=1}^m g_{mk}(t)\omega_k(x), \quad m=1,2,\cdots$$

satisfaciendo el siguiente sistema de ecuaciones diferenciales ordinarias:

$$\left(\sum_{k=1}^{m} g'_{mk}(t)\omega_k, \upsilon\right) + ((u_m^{(\alpha)}(t)\cdot\nabla)u_m^{(\alpha)}(t), \upsilon)$$

$$-\nu(\Delta u_m^{(\alpha)}(t), \upsilon) + \alpha\left(\left|u_m^{(\alpha)}(t)\right|^{\beta-1} u_m^{(\alpha)}(t), \upsilon\right)$$

$$= (f(t), \upsilon), \forall \upsilon \in W_m, t > 0, \quad (2.4)$$

$$u_m^{(\alpha)}(x, 0) = u_{0m}(x) = (P_m u_0)(x).$$

La función satisfiyng $u_m^{(\alpha)}(x,t)$ (2.4) se llama una aproximación de <u>Galerkin</u> de (1.1) usando las eigenfunciones del operador de Stokes como base de L_σ^2 .

Se demostró que existe una aproximación única de Galerkin $u_m^{(\alpha)}(x,t)$ de (1.1) usando como funciones propias del operador de Stokes la base de si L_σ^2 y $\beta \geq 1, \alpha > 0, u_0 \in L_\sigma^2\, f \in L_{loc}^2(0, \infty; (L^2(\Omega))^3)$.

También se demostró que tiene $\left\{u_m^{(\alpha)}\right\}_{m=1}^{\infty}$ una subsecuente que converge en una solución débil u de (1.1) como $m \to \infty$ (ver [1, 22, 26]).

Definición 2.4. Una solución débil u de (1.1) obtenida por el método de Galerkin se llama <u>solución débil de G</u> (1.1).

Utilizaremos las soluciones G-débiles para demostrar

la existencia de soluciones globales fuertes de (1.1).

En esta monografía, la letra C es una constante positiva genérica, que puede cambiar su valor de línea a línea, incluso en la misma línea y todas las C son independientes del número de aproximación de $m \in \square$ Galerkin.

3. Convergencia de soluciones G-Weak

En esta sección mostraremos que el problema (1.1) puede verse como una modificación de las ecuaciones de Navier-Stokes con el término regularizador $\alpha |u|^{\beta-1} u$;

es decir, dado $\beta > 0$ que las soluciones G-débiles de (1.1) convergen a una solución débil de las ecuaciones de Navier-Stokes como $\alpha \rightarrow 0+0$. $u = u^{(\alpha)}(x,t)$ Sea una solución G-débil de (1.1) y arregle $T > 0$.

Lema 3.1. Supongamos y $u_0 \in L_\sigma^2$

$f \in L^2(0,T;(L^2(\Omega))^3)$. Entonces $\left\{ u^{(\alpha)} \right\}_{0<\alpha<1}$ se limita en $L^{\infty}(0,T;L^2_{\sigma}) \cap L^2(0,T;V) \cap L^{\beta+1}(0,T;(L^{\beta+1}(\Omega))^3)$.

Además, cumple con

$$\operatorname*{ess\,sup}_{0 \leq t \leq T} \left\| u^{(\alpha)}(t) \right\|^2 + 2v \int_0^T \left\| \nabla u^{(\alpha)}(t) \right\|^2 dt$$

$$+ 2\alpha \int_0^T \left\| u^{(\alpha)}(t) \right\|_{\beta+1}^{\beta+1} dt \qquad (3.1)$$

$$\leq 2\left\| u_0 \right\|^2 + (\frac{1}{\lambda_1 v} + T) \int_0^T \left\| f(t) \right\|^2 dt$$

Prueba. Sustituyendo por $\upsilon\, u_m^{(\alpha)}(t)$ en (2.4), tenemos una estimación a priori de las soluciones de aproximación

$$\frac{1}{2}\frac{d}{dt}\left\| u_m^{(\alpha)}(t) \right\|^2 + v\left\| \nabla u_m^{(\alpha)}(t) \right\|^2 + \alpha \left\| u_m^{(\alpha)}(t) \right\|_{\beta+1}^{\beta+1}$$

$$= (f(t), u_m^{(\alpha)}(t))$$

$$\leq \frac{\lambda_1 v}{2}\left\| u_m^{(\alpha)}(t) \right\|^2 + \frac{1}{2\lambda_1 v}\left\| f(t) \right\|^2, t > 0, \qquad (3.2)$$

donde se encuentra $\lambda_1 > 0$ el primer valor propio del operador de Stokes A . Uso de la desigualdad Poincare''s

$$\lambda_1 \left\| \upsilon \right\|^2 \leq \left\| \nabla \upsilon \right\|^2 (\forall \upsilon \in V),$$

tenemos

$$\frac{1}{2}\frac{d}{dt}\left\|u_m^{(\alpha)}(t)\right\|^2 + \frac{\lambda_1 v}{2}\left\|u_m^{(\alpha)}(t)\right\|^2 + \alpha\left\|u_m^{(\alpha)}(t)\right\|_{\beta+1}^{\beta+1}$$

$$\leq \frac{1}{2\lambda_1 v}\left\|f(t)\right\|^2, t > 0. \quad (3.3)$$

Dejando caer el término $\alpha\left\|u_m^{(\alpha)}(t)\right\|_{\beta+1}^{\beta+1}$ en (3.3) y

aplicando el lema de Gronwall, obtenemos

$$\left\|u_m^{(\alpha)}(t)\right\|^2 \leq e^{-\lambda_1 v t}\left\|u_{0m}\right\|^2$$

$$+ \frac{1}{\lambda_1 v}\int_0^T\left\|f(t)\right\|^2 dt,\ 0 \leq t \leq T. \quad (3.4)$$

Después de integrar (3.2) sobre $[0,T]$, sustituir (3.4) en la desigualdad resultante para obtener

$$\left\|u_m^{(\alpha)}(t)\right\|^2 + 2v\int_0^T\left\|\nabla u_m^{(\alpha)}(t)\right\|^2 dt + 2\alpha\int_0^T\left\|u_m^{(\alpha)}(t)\right\|_{\beta+1}^{\beta+1} dt$$

$$\leq \left\|u_{0m}\right\|^2 + \lambda_1 v\int_0^T\left\|u_m^{(\alpha)}(t)\right\|^2 dt + \frac{1}{\lambda_1 v}\int_0^T\left\|f(t)\right\|^2 dt$$

$$\leq 2\left\|u_{0m}\right\|^2 + (\frac{1}{\lambda_1 v} + T)\int_0^T\left\|f(t)\right\|^2 dt. \quad (3.5)$$

De manera similar al método estándar de Galerkin, pasar a $m \to \infty$ en (3.5) implica (3.1). $\square$

Lema 3.2. Supongamos que y $f \in L^2(0,T;(L^2(\Omega))^3)$ $u_0 \in L^2_\sigma$. Luego $\left\{u^{(\alpha)}\right\}_{0<\alpha<1}$ se precompacta en $L^2(0,T;L^2_\sigma)$.

Prueba. La prueba sigue el teorema de la compactación para las ecuaciones clásicas de Navier-Stokes. Poner $u = u_m^{(\alpha)}$ y dejar $\upsilon \in W_m$. Integrando (2.4) sobre $[t,t+a]$, tenemos

$$(u(t+a)-u(t),\upsilon) = -v\int_t^{t+a}(\nabla u(s),\nabla \upsilon)ds$$

$$
\begin{aligned}
&-\int_t^{t+a}((u(s)\cdot\nabla)u(s),\upsilon)ds \\
&-\alpha\int_t^{t+a}(|u(s)|^{\beta-1}u(s),\upsilon)ds + \int_t^{t+a}(f(s),\upsilon)ds,
\end{aligned}
\tag{3.6}
$$

donde $a>0, t, t+a \in [0,T]$. Para la estimación de la mano derecha de (3.6), usar la desigualdad Hölder's , entonces tenemos

$$\left| \nu \int_{t}^{t+a} (\nabla u(s), \nabla \upsilon)\,ds \right| \leq \nu \|\nabla \upsilon\| \int_{t}^{t+a} \|\nabla u(s)\|\,ds$$

$$\leq \nu \|\nabla \upsilon\| \sqrt{a} \left(\int_{t}^{t+a} \|\nabla u(s)\|^2\,ds \right)^{\frac{1}{2}}$$

$$\leq \nu \|\nabla \upsilon\| \|u\|_{L^2(0,T;V)} \sqrt{a}, \tag{3.7}$$

y

$$\left| \int_{t}^{t+a} ((u(s)\cdot\nabla)u(s),\upsilon)\,ds \right| = \left| \int_{t}^{t+a} ((u(s)\cdot\nabla)\upsilon, u(s))\,ds \right|$$

$$\leq \|\nabla \upsilon\| \int_{t}^{t+a} \left(\int_{\Omega} |u(s)|^4\,dx \right)^{\frac{1}{2}}\,ds$$

$$\leq C \|\nabla \upsilon\| \int_{t}^{t+a} \|\nabla u(s)\|^{\frac{3}{2}} \|u(s)\|^{\frac{1}{2}}\,ds$$

$$\leq C \|\nabla \upsilon\| \|u\|_{L^\infty(0,T;L_\sigma^2)}^{1/2} \int_{t}^{t+a} \|\nabla u(s)\|^{\frac{3}{2}}\,ds$$

$$\leq C \|\nabla \upsilon\| \|u\|_{L^\infty(0,T;L_\sigma^2)}^{1/2} a^{1/4} \left(\int_{t}^{t+a} \|\nabla u(s)\|^2\,ds \right)^{\frac{3}{4}}$$

$$\leq C \|\nabla \upsilon\| \|u\|_{L^\infty(0,T;L_\sigma^2)}^{1/2} \left(\|u\|_{L^2(0,T;V)}^2 \right)^{\frac{3}{4}} a^{1/4}. \tag{3.8}$$

Es fácil de mostrar

$$\alpha\left|\int_t^{t+a}(|u(s)|^{\beta-1}u(s),\upsilon)ds\right|\leq\alpha\|\upsilon\|_{\beta+1}\int_t^{t+a}\|u(s)\|_{\beta+1}^{\beta}ds$$

$$\leq\alpha\|\upsilon\|_{\beta+1}\|u\|_{L^{\beta+1}(Q_T)}^{\beta}a^{1/(\beta+1)}\quad(3.9)$$

y

$$\left|\int_t^{t+a}(f(s),\upsilon)ds\right|\leq\|\upsilon\|\int_t^{t+a}\|f(s)\|ds$$

$$\leq\|\upsilon\|\|f\|_{L^2(Q_T)}^2\sqrt{a}.\quad(3.10)$$

Podemos tomar $\upsilon=u(t+a)-u(t)$ (3.6) y utilizar las

desigualdades (3.7)-(3.10) y los límites de in $\left\{u_m^{(\alpha)}\right\}$

$L^\infty(0,T;L_\sigma^2)\cap L^2(0,T;V)$ para obtener

$$\int_0^{T-a}\left\|u_m^{(\alpha)}(t+a)-u_m^{(\alpha)}(t)\right\|^2dt$$

$$\leq CT(a+\sqrt{a}+a^{1/4}+a^{1/(\beta+1)}).\quad(3.11)$$

Pasando a $m\to\infty$ en (3.11), tenemos

$$\int_0^{T-a}\left\|u^{(\alpha)}(t+a)-u^{(\alpha)}(t)\right\|^2dt$$

$$\leq CT(a+\sqrt{a}+a^{1/4}+a^{1/(\beta+1)})$$

y, por lo tanto, la equi-continuidad de $\left\{u^{(\alpha)}\right\}_{0<\alpha<1}$ in

$L^2(0,T;L^2_\sigma)$. Por lo tanto, deducimos que $\{u^{(\alpha)}\}_{0<\alpha<1}$ es

precompacto al $L^q(0,T;L^2_\sigma)(1<q<2)$ seguir el teorema 13.3 en [28].

Por el método estándar de Galerkin, $\{u^{(\alpha)}\}_{0<\alpha<1}$ tiene

una subsecuente $\{u^{(\alpha_k)}\}_{k\geq 1}$ que converge fuertemente en in

u y $L^q(0,T;L^2_\sigma)$ está limitada en $L^\infty(0,T;L^2_\sigma)$. Por lo

tanto, converge en $\{u^{(\alpha_k)}\}_{k\geq 1}$ $L^2(0,T;L^2_\sigma)$. $\qquad\square$

Teorema 3.1. Supongamos que y $\beta \geq 1, f \in L^2(0,T;(L^2(\Omega))^3)\ u_0 \in L^2_\sigma$. Entonces

$\{u^{(\alpha)}\}_{0<\alpha<1}$ tiene una subsecuente que converge

fuertemente a una solución débil de u las ecuaciones de Navier- Stokes((1.1) en caso de $\alpha = 0$) en como $L^2(0,T;L^2_\sigma)\ \alpha \to 0$.

Prueba. Para cualquier $\upsilon \in V \cap (L^{\beta+1}(\Omega))^3$, satisface $u^{(\alpha)}$

$$(\frac{d}{dt}u^{(\alpha)}(t),\upsilon)+v(\nabla u^{(\alpha)}(t),\nabla \upsilon)+((u^{(\alpha)}(t)\cdot\nabla)u^{(\alpha)}(t),\upsilon)$$

$$+\alpha(\left|u^{(\alpha)}(t)\right|^{\beta-1}u^{(\alpha)}(t),\upsilon)=(f(t),\upsilon).$$

Seleccione una función que pertenezca $\phi(t)\,C^{1}[0,T]$ y desaparezca en T. Multiplicando la ecuación anterior por $\phi(t)$ e integrando por partes la ecuación resultante sobre implicar$[0,T]$

$$-\int_{0}^{T}(u^{(\alpha)}(t),\phi'(t)\upsilon)dt+v\int_{0}^{T}\phi(t)(\nabla u^{(\alpha)}(t),\nabla\upsilon)dt$$

$$+\int_{0}^{T}\phi(t)((u^{(\alpha)}(t)\cdot\nabla)u^{(\alpha)}(t),\upsilon)dt$$

$$+\alpha\int_{0}^{T}\phi(t)(\left|u^{(\alpha)}(t)\right|^{\beta-1}u^{(\alpha)}(t),\upsilon)dt$$

$$=\phi(0)(u_{0},\upsilon)+\int_{0}^{T}\phi(t)(f(t),\upsilon)dt. \quad (3.12)$$

A partir del lema 3.1 y del lema 3.2 podemos saber que existe una subsecuente $\left\{u^{(\alpha_k)}\right\}$ que converge en una función débilmente u en $L^{\infty}(0,T;L_{\sigma}^{2})\cap L^{2}(0,T;V)$ y fuertemente en $L^{2}(0,T;L_{\sigma}^{2})$. Limitando en $\alpha\to0$ (3.12), la suma del primer y segundo plazo va a

$$-\int_{0}^{T}(u(t),\phi'(t)\upsilon)dt+v\int_{0}^{T}\phi(t)(\nabla u(t),\nabla\upsilon)dt.$$

Desde

$$\left| \int_0^T \phi(t)((u^{(\alpha)}(t)\cdot\nabla)u^{(\alpha)}(t),\upsilon)dt \right.$$

$$\left. -\int_0^T \phi(t)((u(t)\cdot\nabla)u(t),\upsilon)dt \right|$$

$$\leq \left| \int_0^T \phi(t)(((u^{(\alpha)}(t)-u(t))\cdot\nabla)u^{(\alpha)}(t),\upsilon)dt \right|$$

$$+ \left| \int_0^T \phi(t)(((u\cdot\nabla)(u^{(\alpha)}(t)-u(t)),\upsilon)dt \right|$$

$$\leq \left(\int_0^T \left\| u^{(\alpha)}(t)-u(t) \right\|_H^2 dt \right)^{1/2} \left(\int_0^T \left\| \nabla u^{(\alpha)}(t) \right\|_H^2 dt \right)^{1/2}$$

$$\times \left\| \phi(t) \right\|_{L^\infty(0,T)} \left\| \upsilon \right\|_\infty$$

$$+ \left| \int_0^T \phi(t)(((u\cdot\nabla)(u^{(\alpha)}(t)-u(t)),\upsilon)dt \right|,$$

el tercer trimestre va a

$$\int_0^T \phi(t)((u(t)\cdot\nabla)u(t),\upsilon)dt.$$

Ya que se cumple que

$$\left| \alpha \int_0^T \phi(t)(\left| u^{(\alpha)}(t) \right|^{\beta-1} u^{(\alpha)}(t),\upsilon)dt \right|$$

$$\leq \alpha \int_0^T \left\| u^{(\alpha)}(t) \right\|_{\beta+1}^{\beta} dt \, \|\phi\|_{L^\infty(0,T)} \|\upsilon\|_{\beta+1}$$

$$\leq \alpha^{1/(\beta+1)} \alpha^{\beta/(\beta+1)} \left(\int_0^T \left\| u^{(\alpha)}(t) \right\|_{\beta+1}^{\beta+1} dt \right)^{\beta/(\beta+1)}$$

$$\times T^{1/(\beta+1)} \|\phi\|_{L^\infty(0,T)} \|\upsilon\|_{\beta+1}$$

y

$$\alpha^{\beta/(\beta+1)} \left(\int_0^T \left\| u^{(\alpha)}(t) \right\|_{\beta+1}^{\beta+1} dt \right)^{\beta/(\beta+1)} T^{1/(\beta+1)} \|\phi\|_{L^\infty(0,T)} \|\upsilon\|_{\beta+1}$$

está limitada, el cuarto término va a cero como $(k \to \infty)$. $\alpha \to 0$

Así la función satisface u

$$-\int_0^T (u(t), \phi'(t)\upsilon)dt + \nu \int_0^T \phi(t)(\nabla u(t), \nabla \upsilon)dt$$

$$+ \int_0^T \phi(t)((u(t) \cdot \nabla)u(t), \upsilon)dt \qquad (3.13)$$

$$= \phi(0)(u_0, \upsilon) + \int_0^T \phi(t)(f(t), \upsilon)dt.$$

Por lo tanto, u es una solución débil de las ecuaciones de Navier-Stokes. Esto completa la prueba del Teorema 3.1. $\square$

4. Propiedades de regularidad de las soluciones débiles

Considera el problema (1.1) que es una aproximación de las ecuaciones de Navier-Stokes. Es importante encontrar una serie de parámetros para garantizar la existencia global de soluciones fuertes de (1.1).

Teorema 4.1. Supongamos que

$$f \in W_{loc}^{1,2}(0,\infty;(L^2(\Omega))^3)$$

y $u_0 \in V$. Supongamos que

$$5 > \beta > 3, \alpha > 0 \quad \text{o } \beta = 3, \alpha v > \frac{1}{4} \ . \qquad (4.1)$$

Entonces hay una solución fuerte de (1.1).

Observación 4.1. Cuando $\Omega = R^3$, Δu puede ser usado como una función de prueba para obtener una regularidad de soluciones débiles. Pero, no es una función de prueba permitida para el problema del valor límite de Dirichlet. Entonces, la relación

$$-(|u|^{\beta-1}u, \Delta u) = \left\| |u|^{(\beta-1)/2}\nabla u \right\|^2 + \frac{\beta-1}{4}\left\| |u|^{(\beta-3)/2}\nabla |u|^2 \right\|^2$$

no se puede utilizar para obtener una propiedad de regularidad, mientras que se ha utilizado bien para el problema de Cauchy (ver [6, 30]). Es una dificultad para el problema del valor límite de Dirichlet.

La prueba del Teorema 4.1 se basa en algunas estimaciones de las u_m que obtendremos por medio de la energía estándar y las estimaciones de Sobolev.

Prueba. Arreglar $T > 0$. Dejemos que la función $u_m(x,t)$ sea una aproximación de Galerkin de (1.1) usando como base L_σ^2 las funciones propias del operador de Stokes. Entonces satisface $u_m(x,t)$ (2.4).

Si elegimos $\upsilon = u_m$ en (2.4), entonces tenemos

$$(u_{mt}, u_m) + \nu((u_m, u_m)) + b(u_m, u_m, u_m)$$
$$= -\alpha(|u_m|^{\beta-1} u_m, u_m) + (P_m f, u_m).$$

Considerando

$$(u_{mt}, u_m) = \frac{1}{2}\frac{d}{dt}\left\|u_m(t)\right\|^2, b(u_m, u_m, u_m) = 0,$$

tenemos

$$\frac{1}{2}\frac{d}{dt}\left\|u_m\right\|^2 + \nu\left\|\nabla u_m\right\|^2 + \alpha\left\|u_m\right\|_{\beta+1}^{\beta+1}$$
$$= (P_m f, u_m) \leq \frac{1}{2}\left\|u_m\right\|^2 + \frac{1}{2}\left\|P_m f\right\|^2. \tag{4.2}$$

Dejar caer el segundo y tercer término en la mano izquierda de (4.2) y aplicar el lema de Gronwall implica

$$\left\|u_m(t)\right\|^2 \le e^{CT}\left(\left\|u_{0m}\right\|^2 + \int_0^T\left\|P_m f(t)\right\|^2 dt\right)$$

$$\le e^{CT}\left(\left\|u_0\right\|^2 + \int_0^T\left\|f(t)\right\|^2 dt\right)\le C. \quad (4.3)$$

Al insertar (4.3) en la mano derecha e integrar sobre $[0,T]$, se deduce que hay una constante $C > 0$

$$\left\|u_m(t)\right\|^2 + \int_0^T\left\|\nabla u_m(t)\right\|^2 dt + \int_0^T\left\|u_m(t)\right\|_{\beta+1}^{\beta+1} dt \le C, \quad (4.4)$$

para cualquiera $t \in [0,T]$ y para todos $m \ge 1$.

Por otro lado, $\{u_{0m}\}_{m=1}^{\infty}$ está limitada V ya que

$$\left\|\nabla u_{0m}\right\|^2 = \left\|\nabla P_m u_0\right\|^2 = (\nabla P_m u_0, \nabla P_m u_0) = (A P_m u_0, P_m u_0)$$
$$= (A P_m u_0, u_0) = (\nabla P_m u_0, \nabla u_0) \le \left\|\nabla u_{0m}\right\|\left\|\nabla u_0\right\|.$$

Sustituyendo por $\upsilon\, A u_m$ en (2.4), tenemos

$$(u_{mt}, A u_m) + v((u_m, A u_m)) + b(u_m, u_m, A u_m)$$
$$= -\alpha(|u_m|^{\beta-1} u_m, A u_m) + (P_m f, A u_m).$$

Desde

$$(u_{mt}, A u_m) = \frac{1}{2}\frac{d}{dt}\left\|\nabla u_m\right\|^2, ((u_m, A u_m)) = \left\|A u_m\right\|^2,$$

esta relación puede escribirse como

$$\frac{1}{2}\frac{d}{dt}\|\nabla u_m\|^2 + v\|Au_m\|^2 + b(u_m, u_m, Au_m)$$

$$= -\alpha(|u_m|^{\beta-1} u_m, Au_m) + (P_m f, Au_m). \quad (4.5)$$

Utilización $|b(u_m, u_m, Au_m)| \leq C\|\nabla u_m\|^{3/2}\|Au_m\|^{3/2}$ (véase

(2.32)

en [22]) y la desigualdad de Young, obtenemos

$$\frac{1}{2}\frac{d}{dt}\|\nabla u_m\|^2 + v\|Au_m\|^2$$

$$\leq C\|\nabla u_m\|^{3/2}\|Au_m\|^{3/2} + \alpha\|u_m\|_{2\beta}^{\beta}\|Au_m\| + \|f(t)\|\|Au_m\|$$

$$\leq \frac{v}{2}\|Au_m\|^2 + C\|\nabla u_m\|^6 + C'\|u_m\|_{2\beta}^{2\beta} + \frac{1}{v}\|f(t)\|^2. \quad (4.6)$$

Para la estimación de $\|u_m\|_{2\beta}^{2\beta}$, recuerde que y $5 > \beta \geq 3$

$$\|u_m\|_{\infty}^2 \leq C\|\nabla u_m\|\|Au_m\|$$ (véase [28]). Así conseguimos

que

$$\|u_m(t)\|_{2\beta}^{2\beta} \leq \|u_m(t)\|_{\infty}^{2\beta-6}\|u_m(t)\|_6^6$$

$$\leq C\|u_m(t)\|_{\infty}^{2\beta-6}\|\nabla u_m(t)\|^6$$

$$\leq C\|Au_m(t)\|^{\beta-3}\|\nabla u_m(t)\|^{\beta+3} \qquad (4.7)$$

$$\leq C\|\nabla u_m(t)\|^{2(\beta+3)/(5-\beta)} + \frac{\nu}{4C'}\|Au_m(t)\|^2.$$

Sustituir (4.7) por (4.6) y poner a

$$q := (\beta+3)/(5-\beta)(\geq 3)$$

para obtener

$$\frac{d}{dt}\|\nabla u_m\|^2 + \frac{\nu}{2}\|Au_m\|^2$$

$$\leq C + C\|\nabla u_m\|^{2q} + \frac{2}{\nu}\|f(t)\|^2. \qquad (4.8)$$

En un momento, dejando de lado el término

$(\nu/2)\|Au_m\|^2$, nosotros

tienen una desigualdad diferencial,

$$\frac{d}{dt}y(t) \leq C(C_1 + Cy^5(t)), \; y(t) := \|\nabla u_m(t)\|^2,$$

$$C_1 := C + \frac{2}{\nu}\sup_{0\leq t\leq T}\|f(t)\|^2.$$

Aquí, usamos $f \in C([0,T];(L^2(\Omega))^3)$, porque $f \in W^{1,2}(0,T;(L^2(\Omega))^3)$ ... La desigualdad diferencial

$$\frac{d}{dt}z(t) \leq Cz^5(t),\ z(t) := 1 + y,$$

$$z(0) = z_0 := 1 + \left\|\nabla u_{0m}\right\|^2$$

tiene una solución definida en $z(t)\,[0,T']$, donde está T'

$$T' = \frac{1}{2Cqz_0^{q-1}}. \tag{4.9}$$

Y en comparación, está satisfecho

$$z(t) \leq \frac{z_0}{(1-T'Cqz_0^{q-1})^{1/4}} = 2^{1/(q-1)}z_0,$$

Por lo tanto, tenemos

$$\left\|\nabla u_m(t)\right\|^2 \leq 2^{1/(q-1)}(1 + \left\|\nabla u_{0m}\right\|^2),\ \forall t \in [0,T'] \tag{4.10}$$

Sustituyendo (4.10) por (4.8) e integrando la desigualdad resultante sobre $[0,T']$, tenemos

$$\int_0^{T'} \left\|Au_m(t)\right\|^2 dt \leq C(\left\|\nabla u_{0m}\right\|^{2q}, \left\|f\right\|_{L^2}) =: C_2. \tag{4.11}$$

Sustituyendo por $\upsilon\, u_{mt}$ en (2.4) y utilizando la desigualdad de Young y (2.32) en [28], tenemos

$$\|u_{mt}\|^2 + \frac{v}{2}\frac{d}{dt}\|\nabla u_m\|^2 + \frac{\alpha}{\beta+1}\frac{d}{dt}\|u_m\|_{\beta+1}^{\beta+1}$$

$$= -((u_m \cdot \nabla)u_m, u_{mt}) + (f(t), u_{mt})$$

$$\leq \frac{1}{4}\|u_{mt}\|^2 + C\|\nabla u_m\|^{3/2}\|Au_m\|^{1/2}\|u_{mt}\| + \|f(t)\|^2 \quad (4.12)$$

$$\leq \frac{1}{2}\|u_{mt}\|^2 + C(\|\nabla u_m\|^6 + \|Au_m\|^2 + \|f(t)\|^2)$$

Integrando (4.12) sobre $[0,T']$ y considerando (4.10), (4.11) y $q \geq 3$, se deduce que

$$\int_0^{T'} \|u_{mt}(t)\|^2\, dt \leq C_3(\|\nabla u_0\|^{2q}, \|f\|_{L^2}). \quad (4.13)$$

Por lo tanto, hay una constante $0 < t_m < T'$ tal que

$$\|u_{mt}(t_m)\|^2 \leq \frac{C_3}{T'} = 2C_3Cq(1 + \|\nabla u_0\|^2)^{q-1} \quad (4.14)$$

por (4.9) y (4.13).

Diferenciando la primera ecuación de (2.4) con respecto a t y sustituyéndola por $\upsilon\, u_{mt}$, se obtiene

$$\frac{1}{2}\frac{d}{dt}\|u_{mt}\|^2 + v\|\nabla u_{mt}\|^2 + \alpha((|u_m|^{\beta-1}u_m)_t, u_{mt})$$

$$= -(((u_m \cdot \nabla)u_m)_t, u_{mt}) + (f_t(t), u_{mt}). \quad (4.15)$$

Integrando por partes y condiciones de uso $\operatorname{div} u_m = 0$ y límites, tenemos

$$-(((u_m \cdot \nabla)u_m)_t, u_{mt})$$
$$= -((u_{mt} \cdot \nabla)u_m, u_{mt}) - ((u_m \cdot \nabla)u_{mt}, u_{mt})$$
$$= -((u_{mt} \cdot \nabla)u_m, u_{mt}) = ((u_{mt} \cdot \nabla)u_{mt}, u_m) \quad (4.16)$$
$$\leq \varepsilon_1 v \|\nabla u_{mt}\|^2 + \frac{1}{4\varepsilon_1 v} \||u_m| u_{mt}\|^2,$$

para cualquier $\varepsilon_1 > 0$. Sustitúyase (4.16) y

$$((|u_m|^{\beta-1} u_m)_t, u_{mt}) = (|u_m|^{\beta-1} u_{mt}, u_{mt})$$
$$+ \frac{\beta-1}{4} \int_\Omega |u_m|^{\beta-3} \left| \frac{\partial}{\partial t} |u_m|^2 \right|^2 dx \geq (|u_m|^{\beta-1} u_{mt}, u_{mt}),$$

$$|(f_t(t), u_{mt})| \leq \frac{1}{4} \|u_{mt}\|^2 + \|f_t(t)\|^2$$

en (4.15) para conseguir

$$\frac{1}{2} \frac{d}{dt} \|u_{mt}\|^2 + v(1-\varepsilon_1) \|\nabla u_{mt}\|^2 + \alpha \||u_m|^{(\beta-1)/2} |u_{mt}|\|^2$$

$$\leq \frac{1}{4\varepsilon_1 v} \||u_m| |u_{mt}|\|^2 + \frac{1}{4} \|u_{mt}\|^2 + \|f_t(t)\|^2. \quad (4.17)$$

Si y $\beta = 3$ $\alpha v > 1/4$, elegimos una constante satisfacci

ón $\varepsilon_1 > 0$

$$\alpha - \frac{1}{4v\varepsilon_1} > 0, 1 - \varepsilon_1 > 0.$$

Si y $\beta > 3$ $\alpha > 0$, hay una constante y $\varepsilon_1 > 0$ $\gamma > 0$ que satisfacen y $1 - \varepsilon_1 > 0$

$$-\gamma \|u_{mt}\|^2 \leq \alpha \|u_m\|^{(\beta-1)/2} |u_{mt}\|^2 - \frac{1}{4v\varepsilon_1} \|u_m\| |u_{mt}\|^2.$$

Sustituir e $\varepsilon_1 > 0$ $\gamma > 0$ igual que arriba en (4.17) para obtener

$$\frac{d}{dt}\|u_{mt}\|^2 + 2v(1-\varepsilon_1)\|\nabla u_{mt}\|^2$$
$$\leq (\frac{1}{2} + 2\gamma)\|u_{mt}\|^2 + 2\|f_t(t)\|^2 \tag{4.18}$$

para cualquier $t_m \leq t \leq T$. Aplicando el lema de Gronwall a

(4.18) y usando (4.14) , deducimos que

$$\|u_{mt}(t)\|^2 + \int_{t_m}^{t} \|\nabla u_{ms}(s)\|^2 ds$$
$$\leq C(\|u_{mt}(t_m)\|^2 + \int_{0}^{T} \|f_t(t)\|^2 dt) \leq C, \tag{4.19}$$

para cualquier $t_m \leq t \leq T$. Por lo tanto, utilizando (4.16) y,

$$\left\|\nabla u_m(t)\right\|^2 \le C(\left\|\nabla u_m(t_m)\right\|^2 + \int_{t_m}^{t}\left\|\nabla u_{ms}(s)\right\|^2 ds) \le C, \quad (4.20)$$

para cualquier $t_m \le t \le T$. Las desigualdades (4.10) y (4.20) implican

$$\left\|\nabla u_m(t)\right\|^2 \le C, \quad \forall t \in [0,T], \quad \forall m \ge 1. \quad (4.21)$$

Por lo tanto, insertando (4.21) a la mano derecha de (4.8) e integrando sobre $[0,T]$, tenemos que $\{u_m\}$ se limita en

$$L^{\infty}(0,T;V) \cap L^2(0,T;D(A))$$

y de esto y (4.9), vemos que $\{u_m\}$ está limitado en $W^{1,2}(0,T;L_\sigma^2)$. Así, la solución G-débil u que es una

limitación de una subsecuente pertenece a $\{u_{m_k}\}$

$$L^{\infty}(0,T;V) \cap L^2(0,T;D(A)) \cap W^{1,2}(0,T;L_\sigma^2)$$

Es decir, la función $\{u,p\}$ es una solución fuerte de (1.1). Esto concluye la existencia de una fuerte soluciones. $\square$

A continuación, demostraremos la existencia de soluciones fuertemente continuas proporcionadas $f \in W_{loc}^{1,2}(0,\infty;(L^2(\Omega))^3)$, y $u_0 \in D(A)$ o $\beta > 3, \alpha > 0$

$\beta = 3, \alpha v > 1/4$. El resultado se utilizará para demostrar la singularidad de Leray-Hopf

solución débil a (1.1).

Teorema 4.2. Supongamos que
$$f \in W^{1,2}_{loc}(0, \infty; (L^2(\Omega))^3)$$
y $u_0 \in D(A)$. Supongamos que

$$\beta > 3, \alpha > 0 \quad \text{o} \quad \beta = 3, \alpha v \geq \frac{1}{4}. \qquad (4.22)$$

Luego hay una solución fuertemente continua u (es decir, $u \in C([0,T]; L^2_\sigma), \ \forall T > 0$) de (1.1).

Prueba. También se utiliza la aproximación de Galerkin. Arreglar $T > 0$.

Ya que $u_0 \in D(A)$, tenemos

$$\|AP_m u_0 - A u_0\| = \|(P_m - P)A u_0\| \to 0 (m \to \infty),$$
$$\|P_m u_0 - u_0\|^2_\infty \leq C \|\nabla P_m u_0 - \nabla u_0\| \|A P_m u_0 - A u_0\| \to 0$$
$$(m \to \infty)$$

y, por lo tanto, $\{P_m u_0\}^\infty_{m=1}$ está limitada en

$$(L^\infty(\Omega))^3 \cap (H^2(\Omega))^3.$$

Multiplicamos (2.4) por $g'_{im}(t)$, sumamos estas ecuaciones

de $i=1$ a para $i=m$ obtener

$$\|u_{mt}\|^2 = -\nu(Au_m, u_{mt}) - ((u_m \cdot \nabla)u_m, u_{mt})$$
$$- (\alpha|u_m|^{\beta(\cdot)-1} u_m, u_{mt}) + (f(t), u_{mt}). \tag{4.23}$$

La desigualdad de los jóvenes, $\|u\|_\infty^2 \leq C\|\nabla u\|\|Au\|$,

(4.23) y la limitación de la $\{P_m u_0\}_{m=1}^\infty$ implicación

$$\|u_{mt}(0)\|^2 \leq C(1 + \|Au_{0m}\|^2$$
$$+ \|\nabla u_{0m}\|^6 + \|u_{0m}\|_{2\beta}^{2\beta} + \|f(0)\|^2) \tag{4.24}$$
$$\leq C.$$

Entonces para conseguir

$$\|u_{mt}(t)\|^2 \leq C(\|u_{mt}(0)\|^2 + \int_0^T \|f_t(t)\|^2 \, dt) \tag{4.24}$$
$$\leq C, \qquad m \in \square, \quad t \in [0,T],$$

(4.18) con un cierto y $0 < \varepsilon_1 < 1$ si $\gamma > 0$ o $\beta > 3, \alpha > 0$ $\beta = 3, \alpha\nu > 1/4$ y (4.18) con si $\varepsilon_1 = 1$ y $\beta = 3$ $\alpha\nu = 1/4$.

Ya que $\{u_m\}_{m=1}^\infty$ está enlazado $L^2(0,T;L_\sigma^2)$ (véase

(4.4)), (4.24) implica que $\{u_m\}_{m=1}^{\infty}$ está vinculado en $W^{1,2}(0,T;L_\sigma^2)$. Por lo tanto, la solución G-débil que u es una limitación de una subsecuente pertenece a $\{u_{m_k}\}$ $W^{1,2}(0,T;L_\sigma^2)$. $\square$

5. La singularidad de las soluciones débiles

La singularidad de las soluciones débiles del sistema Navier-Stokes (1.1)(con $\alpha \equiv 0$) es un problema abierto en el dominio 3D. En esta sección, mostramos la singularidad de las soluciones débiles de Leray-Hopf proporcionadas $f \in L_{loc}^2(0,\infty;(L^2(\Omega))^3)$, y $u_0 \in L_\sigma^2$ o $\beta > 3, \alpha > 0 \ \beta = 3, \alpha v \geq 1/4$.

Sabemos que las soluciones débiles de G-weak son soluciones débiles de Leray-Hopf.

La prueba de la unicidad de las soluciones débiles de Leray-Hopf es similar al método que debido a Serrin(ver [25]), pero utilizando una secuencia de soluciones aproximadas fuertemente continuas y la siguiente desigualdad algebraica elemental.

Introducimos una desigualdad algebraica elemental que será utilizada más adelante.

Lema 5.1. Para cualquier y $x, y \in \square^{N} \; \beta \geq 1$, la desigualdad

$$(|x|^{\beta-1} x - |y|^{\beta-1} y) \cdot (x-y)$$

$$\geq \frac{1}{2}(|x|^{\beta-1} + |y|^{\beta-1})|x-y|^2 \qquad (5.1)$$

y el coeficiente $1/2$ es el mejor.

Prueba. Deje y $x, y \in \square^{N} \; \beta \geq 1$... Entonces se deduce que

$$0 \leq (|x|^{\beta-1} - |y|^{\beta-1})(|x|^2 - |y|^2)$$
$$= |x|^{\beta+1} + |y|^{\beta+1} - |x|^{\beta-1}|y|^2 - |y|^{\beta-1}|x|^2.$$

Esto implica

$$|x|^{\beta+1} + |y|^{\beta+1} \geq |x|^{\beta-1}|y|^2 + |y|^{\beta-1}|x|^2.$$

Añadiendo esto a

$$|x|^{\beta+1} + |y|^{\beta+1} - 2(|x|^{\beta-1} + |y|^{\beta-1})x \cdot y,$$

tenemos

$$2(|x|^{\beta-1}x - |y|^{\beta-1}y)\cdot(x-y)$$
$$= 2|x|^{\beta+1} + 2|y|^{\beta+1} - 2(|x|^{\beta-1} + |y|^{\beta-1})x\cdot y$$
$$\geq |x|^{\beta+1} + |y|^{\beta+1} - 2(|x|^{\beta-1} + |y|^{\beta-1})x\cdot y$$
$$+ |x|^{\beta-1}|y|^2 + |y|^{\beta-1}|x|^2$$
$$= (|x|^{\beta-1} + |y|^{\beta-1})|x-y|^2 .$$

Por lo tanto, obtenemos (5.1). El coeficiente $1/2$ es el mejor ya que la igualdad en (5.1) se cumple si $x = -y$.
Lemma está probado. □

Observación 5.1. Aunque Lemma 5.1 es muy elemental, juega un papel clave en la argumentación posterior.

En [10], se demostró que existe una dependencia constante $\gamma_0 > 0$ de y N $\beta \geq 0$ tal que

$$(|x|^{\beta-1}x - |y|^{\beta-1}y)\cdot(x-y) \geq \gamma_0|x-y|^{\beta+1}, \quad (5.2)$$

para cualquiera ($x, y \in R^N$ ver Lema 4.4 en p. 13 en [10]).

En [3], demostraron que hay una constante dependiente $\gamma > 0$ de y N $\beta \geq 0$ tal que

$$(|x|^{\beta-1}x - |y|^{\beta-1}y)\cdot(x-y)$$
$$\geq \gamma(|x|+|y|)^{\beta-1}|x-y|^2, \tag{5.3}$$

para cualquier $x,y \in R^N$. Las desigualdades (5.2) y (5.3) son

en comparación con (5.1).

Esperamos que (5.1) se utilice ligeramente para mejorar la teoría de las ecuaciones p-Laplacianas.

Lema 5.2. Supongamos que $f \in L^2_{loc}(0,\infty;(L^2(\Omega))^3)$, y $u_0 \in L^2_\sigma$ o $\beta > 3, \alpha > 0$ $\beta = 3, \alpha\nu \geq 1/4$. u Sea una solución débil de Leray-Hopf de (1.1) que satisfaga la desigualdad energética

$$\frac{1}{2}\|u(t)\|^2 + \nu\int_0^t\|\nabla u(\tau)\|^2\,d\tau + \alpha\int_0^t\int_\Omega\|u(\tau)\|_{\beta+1}^{\beta+1}\,dxd\tau$$
$$\leq \frac{1}{2}\|u_0\|^2 + \int_0^t(f,u(\tau))d\tau, t \geq 0 \tag{5.4}$$

y υ ser una solución débil fuertemente continua de (1.1) con datos iniciales y fuerza externa $\upsilon(0) = \upsilon_0$ en lugar de $g \in L^2_{loc}(0,\infty;(L^2(\Omega))^3)$ f . Entonces para cualquier $T > 0$, hay una constante independiente de $C > 0$ y u υ tal que

$$\|u(t)-\upsilon(t)\|^2$$

$$\leq C(\|u_0-\upsilon_0\|^2 + \int_0^T \|f(t)-g(t)\|^2 \, dt), t\in[0,T]. \tag{5.5}$$

Prueba. Deje que $0 < t' < T' < T$ la función satisfaga $\omega \in C_0^\infty(\square)$

$$\operatorname{supp}\omega \subset \{t\in\square : t' \leq t \leq T'\}, \int_{-\infty}^{\infty} \omega(t)dt = 1$$

y denotan $\omega^\varepsilon(t) := \varepsilon^{-1}\omega(\varepsilon^{-1}t)$, $\varepsilon > 0, t\in\square$. Let $u^\varepsilon : [0,T] \to H$ se define por

$$u^\varepsilon(t) := \int_0^T \omega^\varepsilon(t-\tau)u(\tau)d\tau .$$

Multiplique (2.1) por $\omega^\varepsilon(t-\tau)$ e intégrese en $[0,T]$ para obtener

$$-\int_0^T (u(\tau),\upsilon)\partial_\tau \omega^\varepsilon(t-\tau)d\tau$$

$$+\nu\int_0^T \omega^\varepsilon(t-\tau)((u(\tau),\upsilon))d\tau$$

$$-\int_0^T \omega^\varepsilon(t-\tau)((u\cdot\nabla)u,\upsilon)d\tau \quad (5.6)$$

$$+\int_0^T \omega^\varepsilon(t-\tau)(\alpha|u|^{\beta-1}u,\upsilon)d\tau$$

$$=\int_0^T \omega^\varepsilon(t-\tau)(f(x,t),\upsilon)d\tau.$$

Desde

$$-\int_0^T \partial_\tau \omega^\varepsilon(t-\tau)(u(\tau),w)d\tau = (\frac{d}{dt}u^\varepsilon(t),w),$$

(5.6) es equivalente a

$$(\frac{d}{dt}u^\varepsilon,\upsilon)+\nu((u^\varepsilon,\upsilon))+(((u\cdot\nabla)u)^\varepsilon,\upsilon)$$

$$+((\alpha|u|^{\beta-1}u)^\varepsilon,\upsilon)=((f(t))^\varepsilon,\upsilon). \quad (5.7)$$

Dado que υ es una solución débil fuertemente continua de (1.1), satisface

$$(\frac{d}{dt}\upsilon,u^\varepsilon)+\nu((\upsilon,u^\varepsilon))+((\upsilon\cdot\nabla)\upsilon,u^\varepsilon)$$

$$+(\alpha|\upsilon|^{\beta-1}\upsilon,u^\varepsilon)=(g(t),u^\varepsilon). \quad (5.8)$$

Sumar (5.7) y (5.8) e integrar la ecuación resultante en implica $[t', T']$

$$(u^\varepsilon(T'), \upsilon(T')) - (u^\varepsilon(t'), \upsilon(t'))$$

$$= \int_{t'}^{T'} ((\frac{d}{dt}u^\varepsilon, \upsilon) + (\frac{d}{dt}\upsilon, u^\varepsilon))d\tau$$

$$= -v\int_{t'}^{T'} ((u^\varepsilon, \upsilon))d\tau - v\int_{t'}^{T'} ((u^\varepsilon, \upsilon))d\tau$$

$$- \int_{t'}^{T'} (((u \cdot \nabla)u)^\varepsilon, \upsilon)d\tau$$

$$- \int_{t'}^{T'} ((\upsilon \cdot \nabla)\upsilon, u^\varepsilon)d\tau - \int_{t'}^{T'} ((\alpha|u|^{\beta-1}u)^\varepsilon, \upsilon)d\tau$$

$$- \alpha\int_{t'}^{T'} (|\upsilon|^{\beta-1}\upsilon, u^\varepsilon)d\tau$$

$$+ \int_{t'}^{T'} (f(\tau)^\varepsilon, \upsilon)d\tau + \int_{t'}^{T'} (g(\tau), u^\varepsilon)d\tau.$$

Dejando $\varepsilon \to 0, t' \to 0$ y eligiendo $T' = t$, tenemos

$$(u(t), \upsilon(t)) - (u_0, \upsilon_0)$$

$$= -2v\int_0^t ((u, \upsilon))d\tau - \int_0^t ((u \cdot \nabla)u, \upsilon)d\tau$$

$$- \int_0^t ((\upsilon \cdot \nabla)\upsilon, u)d\tau - \int_0^t (\alpha|u|^{\beta-1}u, \upsilon)d\tau$$

$$-\int_0^t (\alpha|\upsilon|^{\beta-1}\upsilon,u)d\tau + \int_0^t (f(\tau),\upsilon)d\tau$$

$$+\int_0^t (g(\tau),u)d\tau, \qquad\qquad t\in[0,T].$$

(5.9)

Aquí usamos la continuidad fuerte $\upsilon(t)$ y la continuidad débil de $u(t)$. Desde la definición de las soluciones débiles y la suposición $3\le\beta$, tenemos

$$\int_0^t |((u\cdot\nabla)u,\upsilon)|d\tau \le \int_0^t \|\nabla u\|\|u\cdot\upsilon\|d\tau$$

$$\le \frac{1}{2}\int_0^t \|\nabla u\|^2 d\tau + \frac{1}{2}\int_0^t \|u\|_4^2 \|\upsilon\|_4^2 d\tau$$

$$\le C(1+\int_0^t \|u\|_{\beta+1}^{\beta+1} d\tau + \int_0^t \|\upsilon\|_{\beta+1}^{\beta+1} d\tau)+\frac{1}{2}\int_0^t \|\nabla u\|^2 d\tau.$$

Por lo tanto, la mano derecha en (5.9) está bien definida.

Dado que υ es fuertemente continuo, podemos sustituirlo por u, u_0, f υ,υ_0,g en (3.7) para obtener

$$\frac{1}{2}\|\upsilon(t)\|^2 + \nu\int_0^t \|\nabla\upsilon(\tau)\|^2 d\tau + \int_0^t\int_\Omega \alpha|\upsilon|^{\beta+1} dxd\tau$$

$$=\frac{1}{2}\|\upsilon_0\|^2 + \int_0^t (g(\tau),\upsilon(\tau))d\tau, t\in[0,T]. \quad(5.10)$$

(5.4), (5.9) y (5.10) implican

$$\frac{1}{2}\|u(t)-\upsilon(t)\|^2 - \frac{1}{2}\|u_0-\upsilon_0\|^2$$

$$= \frac{1}{2}\|u(t)\|^2 - \frac{1}{2}\|u_0\|^2 + \frac{1}{2}\|\upsilon(t)\|^2 - \frac{1}{2}\|\upsilon_0\|^2$$

$$- (u(t),\upsilon(t)) + (u_0,\upsilon_0)$$

$$\leq -v\int_0^t \|\nabla u\|^2\, d\tau - \int_0^t\int_\Omega \alpha|u|^{\beta+1}\, dxd\tau$$

$$+ \int_0^t (f(\tau),u(\tau))d\tau - v\int_0^t \|\nabla \upsilon\|^2\, d\tau$$

$$- \int_0^t\int_\Omega \alpha|\upsilon|^{\beta+1}\, dxd\tau + \int_0^t (g(\tau),\upsilon(\tau))d\tau$$

$$+ 2v\int_0^t ((u,\upsilon))d\tau + \int_0^t ((u\cdot\nabla)u,\upsilon)d\tau$$

$$+ \int_0^t ((\upsilon\cdot\nabla)\upsilon,u)d\tau + \int_0^t (\alpha|u|^{\beta-1}u,\upsilon)d\tau$$

$$+ \int_0^t (\alpha|\upsilon|^{\beta-1}\upsilon,u)d\tau$$

$$+ \int_0^t (f(\tau)-g(\tau),u-\upsilon)d\tau, t\in[0,T]. \tag{5.11}$$

Usando $((u\cdot\nabla)u,u)=0$ y $((\upsilon\cdot\nabla)\upsilon,\upsilon)=0$, tenemos

que la mano derecha de (5.11) es

$$-v\int_0^t \|\nabla(u-\upsilon)\|^2\,d\tau - \int_0^t (\alpha(|u|^{\beta-1}u - |\upsilon|^{\beta-1}\upsilon), u-\upsilon)\,d\tau$$

$$-\int_0^t ((u\cdot\nabla)u - (\upsilon\cdot\nabla)\upsilon, u-\upsilon)\,d\tau$$

$$+\int_0^t (f(\tau)-g(\tau), u-\upsilon)\,d\tau. \qquad (5.12)$$

Por otro lado, mediante cálculos simples, tenemos que

$$-((u\cdot\nabla)u - (\upsilon\cdot\nabla)\upsilon, u-\upsilon)$$
$$= -(((u-\upsilon)\cdot\nabla)u, u-\upsilon)$$
$$= (((u-\upsilon)\cdot\nabla)(u-\upsilon), u)$$
$$= (((u-\upsilon)\cdot\nabla)(u-\upsilon), \upsilon)$$
$$\le \frac{1}{\sqrt{2}}\|\nabla(u-\upsilon)\|(\int_\Omega (|u|^2 + |\upsilon|^2)|u-\upsilon|^2\,dx)^{1/2}$$

$$\le \varepsilon v\|\nabla(u-\upsilon)\|^2 + \frac{1}{8\varepsilon v}\int_\Omega (|u|^2 + |\upsilon|^2)|u-\upsilon|^2\,dx. (5.13)$$

para cualquier $\varepsilon > 0$ y por Lemma 5.1, obtenemos

$$-(\alpha(|u|^{\beta-1}u - |\upsilon|^{\beta-1}\upsilon), u-\upsilon)$$
$$\le -\int_\Omega \frac{\alpha}{2}(|u|^{\beta-1} + |\upsilon|^{\beta-1})|u-\upsilon|^2\,dx \qquad (5.14)$$

Sustituyendo (5.13) y (5.14) por (5.12), de

(5.11), deducimos

$$\|u(t) - \upsilon(t)\|^2 + 2\nu(1-\varepsilon)\int_0^t \|\nabla(u-\upsilon)\|^2\, d\tau$$

$$\leq \|u_0 - \upsilon_0\|^2 + 2\int_0^t (u - \upsilon, f - g)\, d\tau$$

$$\qquad (5.15)$$

$$-\int_0^t d\tau \int_\Omega \alpha(|u|^{\beta-1} + |\upsilon|^{\beta-1})|u-\upsilon|^2\, dx$$

$$+\frac{1}{4\varepsilon\nu}\int_0^t d\tau \int_\Omega (|u|^2 + |\upsilon|^2)|u-\upsilon|^2\, dx.$$

Si o $\beta > 3, \alpha > 0$ $\beta = 3, 4\alpha\nu \geq 1$, entonces hay constantes y $C > 0$ tales que $0 < \varepsilon \leq 1$

$$-\int_\Omega \alpha(|u|^{\beta-1} + |\upsilon|^{\beta-1})|u-\upsilon|^2\, dx$$

$$+\frac{1}{4\varepsilon\nu}\int_\Omega (|u|^2 + |\upsilon|^2)|u-\upsilon|^2\, dx \leq C\int_\Omega |u-\upsilon|^2\, dx.$$

Por lo tanto (5.15) implica que

$$\|u(t) - \upsilon(t)\|^2$$

$$\leq \|u_0 - \upsilon_0\|^2 + C\int_0^t \|u(\tau) - \upsilon(\tau)\|^2\, d\tau$$

$$+ \int_0^t \|f(\tau) - g(\tau)\|^2\, d\tau.$$

Aplicando el lema de Gronwall a esta desigualdad se obtiene un rendimiento (5.5). □

Teorema 5.1. Supongamos que $f \in L^2_{loc}(0,\infty;(L^2(\Omega))^3)$, y $u_0 \in L^2_\sigma$ o $\beta > 3, \alpha > 0$ $\beta = 3, \alpha v \geq 1/4$. $u^{(2)}$ Remolcar las soluciones débiles de Leray-Hopf de (1.1), respectivamente, $u^{(1)}$ y luego $u^{(1)} = u^{(2)} \in C([0,T];L^2_\sigma)$, para cualquier $T > 0$.

Prueba. Como $D(A)$ es denso en L^2_σ , hay una secuencia $\{u_{0n}\}_{n=1}^\infty \subset D(A)$ que converge en como u_0 en $n \to \infty\, L^2_\sigma$. Además, hay una secuencia $\{f_n\}_{n=1}^\infty \subset W^{1,2}(0,T;(L^2(\Omega))^3)$ tal como $f_n \to f$ en $n \to \infty\, L^2(0,T;(L^2(\Omega))^3)$. Por el Teorema 4.2, sabemos que hay una solución débil fuertemente continua de (1.1) con en lugar de $u_{0n}, f_n\, u_0, f$.

Arreglar $T>0$. De Lemma 5.2, se deduce que hay es una constante independiente $C>0$ y $u^{(i)}, i=1,2\, u_n$ que satisface

$$\left\|u^{(i)}(t)-u_n(t)\right\|^2 \le C(\left\|u_0-u_{0n}\right\|^2$$

$$+\int_0^T \left\|f_n(t)-f(t)\right\|^2 dt), t\in[0,T], i=1,2. \quad (5.16)$$

Por lo tanto, tenemos

$$\left\|u^{(1)}(t)-u^{(2)}(t)\right\|^2 \le \left\|u^{(1)}(t)-u_n(t)\right\|^2 + \left\|u^{(1)}(t)-u_n(t)\right\|^2$$

$$\le 2C(\left\|u_0-u_{0n}\right\|^2 + \int_0^T \left\|f_n(t)-f(t)\right\|^2 dt), t\in[0,T].$$

Dejar implica $n\to\infty\, u^{(1)}=u^{(2)}$.

Dado que la convergencia en (5.16) es fuertemente convergente, concluimos que las soluciones débiles de Leray- Hopf de (1.1) son soluciones débiles fuertemente continuas bajo los supuestos del Teorema 5.1. □

6. Atractor Global y Soluciones de Tiempo Periódico

6.1. Atractor Global

Supongamos que $f(x,t) \equiv f(x)$, $f \in (L^2(\Omega))^3$, $u_0 \in L_\sigma^2$ y o $\beta > 3, \alpha > 0$ $\beta = 3, \alpha\nu \geq 1/4$. Entonces hay una única solución débil de Leray-Hopf (también una única solución débil fuertemente continua) $u(x,t;u_0)$ de (1.1)(véase Teorema 4.1).

Defina una asignación mediante $S_t : L_\sigma^2 \to L_\sigma^2$

$$(S_t u_0) := u(\cdot, t; u_0), t \geq 0. \tag{6.1}$$

Es obvio que

$$S_0 = I \text{ (identidad)} \tag{6.2}$$

y la singularidad de la solución débil de Leray-Hopf de (1.1) implica

$$S_{t+s} = S_t S_s \, (t, s \geq 0). \tag{6.3}$$

Lema 6.1. Supongamos que $f(x,t) \equiv f(x)$, y
$f \in (L^2(\Omega))^3$ o $\beta > 3, \alpha > 0$ $\beta = 3, \alpha v \geq 1/4$.

Entonces, para cualquier persona $(t_0, u_0) \in [0,\infty) \times L^2_\sigma$, se cumple **que**

$$\left\| S_t z - S_{t_0} u_0 \right\| \to 0 ((t,z) \to (t_0,u_0)). \qquad (6.4)$$

Prueba. Supongamos que

$$(t,z) \in [0,\infty) \times L^2_\sigma, \ (t,z) \to (t_0,u_0)$$

para los fijos $(t_0, u_0) \in [0,\infty) \times L^2_\sigma$. Elija de manera que $T > 0$ $t_0 \in [0,T)$.

Dado que una solución débil de Leray-Hopf de (1.1) es una solución débil muy continua,

$$\left\| S_t u_0 - S_{t_0} u_0 \right\| \to 0 (t \to t_0)$$

y (5.5) rendimientos

$$\left\| S_t u_0 - S_t z \right\|^2 \leq C(T) \left\| u_0 - z \right\|^2, t \in [0,T].$$

Así,

$$\left\| S_t z - S_{t_0} u_0 \right\| \leq \left\| S_t z - S_t u_0 \right\| + \left\| S_t u_0 - S_{t_0} u_0 \right\| \to 0$$

como $(t,z) \to (t_0, u_0)$. $\square$

A partir de Lemma 6.1, podemos saber que la familia de operadores $\{S_t; t \geq 0\}$ es un semigrupo fuertemente continuo en L_σ^2 (ver [14]).

Definición 6.1. ([14]) Un conjunto $B \subset L_\sigma^2$ se denomina conjunto invariante si

$$S_t B = B \ (t \geq 0).$$

Seamos $B \subset L_\sigma^2$ invariantes y compactos en los que cualquier

se incluye un conjunto compacto e invariable. B se llama

el atractor global para el semigrupo si $\{S_t; t \geq 0\}$

$$d_H(S_t D, B) := \sup_{u \in S_t D} \inf_{v \in B} \|u - v\| \to 0 (t \to \infty), \ (6.5)$$

para cualquier conjunto delimitado $D \subset L_\sigma^2$, donde d_H está Hausdorff

a media distancia.

Lema 6.2. Supongamos que $f(x,t) \equiv f(x)$, y $f \in (L^2(\Omega))^3$ o $\beta > 3, \alpha > 0 \ \beta = 3, \alpha v \geq 1/4$.

Entonces, hay un conjunto delimitado de tal manera $X_0 \subset L_\sigma^2$ que

$$d_H(S_t Y_0, X_0) \to 0 (t \to \infty). \tag{6.6}$$

para cualquier conjunto delimitado $Y_0 \subset L^2_\sigma$.

Prueba. Arreglar $T > 0$. Dejemos que la función $u_m(x,t)$ sea una aproximación de Galerkin de (1.1) usando como base L^2_σ las funciones propias del operador de Stokes.

Si elegimos $\upsilon = u_m$ en (2.4), entonces tenemos

$$\frac{1}{2}\frac{d}{dt}\left\|u_m(t)\right\|^2 + v\left\|\nabla u_m(t)\right\|^2 \tag{6.7}$$
$$+ \alpha\left\|u_m(t)\right\|^{\beta+1}_{\beta+1} \leq \left\|u_m(t)\right\|\left\|f\right\|,$$

y por lo tanto,

$$\frac{d}{dt}\left\|u_m(t)\right\| + \lambda_1 v\left\|u_m(t)\right\| \leq \left\|f\right\|. \tag{6.8}$$

Aplicar el lema de Gronwall a esto implica

$$\left\|u_m(t)\right\| \leq e^{-\lambda_1 vt}\left\|u_{0m}\right\| + \frac{1}{\lambda_1 v}(1 - e^{-\lambda_1 vt})\left\|f\right\|. \tag{6.9}$$

Pasar a $m \to \infty$ (6.9) implica

$$\left\|S_t u_0\right\| \leq e^{-\lambda_1 vt}\left\|u_0\right\| + \frac{1}{\lambda_1 v}(1 - e^{-\lambda_1 vt})\left\|f\right\|. \tag{6.10}$$

A partir de (6.10), podemos ver que para cualquier

$$Y_0 = \left\{z \in L^2_\sigma : \|z\| \leq C\right\} z \in Y_0,$$

$$\|S_t z\| \le e^{-\lambda_1 \nu t}\|z\| + \frac{1}{\lambda_1 \nu}(1 - e^{-\lambda_1 \nu t})\|f\|$$

$$\le e^{-\lambda_1 \nu t}(C - \|f\|) + \frac{1}{\lambda_1 \nu}\|f\|.$$

El conjunto

$$X_0 := \left\{ u_0 \in L_\sigma^2 : \|u_0\| \le \frac{1}{\lambda_1 \nu}\|f\| \right\}$$

está limitado. Así,

$$d_H(S_t Y_0, X_0) \to 0 \, (t \to \infty).$$

$\square$

Lema 6.3. Supongamos que $f(x,t) \equiv f(x)$, y $f \in (L^2(\Omega))^3$ o $5 > \beta > 3, \alpha > 0 \; \beta = 3, \alpha \nu \ge 1/4$. Entonces, para cualquier $t \ge 1$, el mapeo $S_t : L_\sigma^2 \to L_\sigma^2$ es un compacto.

Prueba. Deje y $Y_0 = \left\{ z \in L_\sigma^2 : \|z\| \le K_1 \right\} u_0 \in Y_0$ ...

Sustituyendo (6.9) por la mano derecha de (6.7) , integrando la desigualdad resultante sobre $[0,1]$, obtenemos

$$\nu \int_0^1 \left\| \nabla u_m(t) \right\|^2 \leq \frac{1}{2} \left\| u_{0m} \right\|^2 + \left\| f \right\| \int_0^1 \left\| u_m(t) \right\| dt$$

$$\leq \frac{1}{2} \left\| u_{0m} \right\|^2 + \left\| f \right\| \left(\left\| u_{0m} \right\| + \frac{1}{\lambda_1 \nu} \left\| f \right\| \right).$$

Pasar a implica $m \to \infty$

$$\int_0^1 \left\| \nabla u(t) \right\|^2 dt \leq \frac{K_1^2}{2\nu} + \frac{1}{\nu} \left\| f \right\| \left(K_1 + \frac{1}{\lambda_1 \nu} \left\| f \right\| \right) := K_2.$$

Por lo tanto, hay un independiente de $t_1 \in (0,1)$ u_0 tal que

$$\left\| \nabla u(t_1) \right\|^2 \leq K_2.$$

Arreglar $t \in [1,T]$. Por (4.9) y (4.10), tenemos

$$\sup_{1 \leq t \leq T} \left\| \nabla u(t) \right\|^2 \leq 2^{1/(q-1)} \left(1 + \left\| \nabla u(t_1) \right\|^2 \right)$$

$$+ C(T) \left(1 + \left\| \nabla u(t_1) \right\|^{4q(q-1)} + T \left\| f \right\|^2 \right)$$

$$\leq C(T) \left(1 + K_2^{4q(q-1)} + T \left\| f \right\|^2 \right).$$

Por lo tanto, está $S_t Y_0$ limitado V y precompactado en L_σ^2. $\square$

Teorema 6.1. Supongamos que $f(x,t) \equiv f(x)$, y $f \in (L^2(\Omega))^3$ o $5 > \beta > 3, \alpha > 0$ $\alpha\nu \geq 1/4$. $\beta = 3$, Luego, luego, hay un atractor global B para el semi-grupo $\{S_t ; t \geq 0\}$.

Prueba. Lema 6.1, 6.2 y 6.3 prueban el teorema 6.1 a partir de los argumentos en [14]. □

6.2. Soluciones de tiempo-periódico

Lema 6.4. α Seamos positivos y λ_1, v $\beta \geq 3$ ... si

$$\lambda_1^{\beta-3}\alpha^2(2v)^{2\beta-4} > \frac{(2\beta-4)^{2\beta-4}}{(\beta-1)^{2\beta-2}}, \qquad (6.12)$$

existen y $\delta > 0$ $0 < \varepsilon < 1$ tal que

$$2v\lambda_1(1-\varepsilon) + \alpha(|u|^{\beta-1} + |v|^{\beta-1})$$
$$-\frac{1}{4v\varepsilon}(|u|^2 + |v|^2) \geq \delta, \qquad (6.13)$$

para cualquier $u, v \in \square^N$.

Prueba. Deje y $\alpha > 0, v > 0, \lambda_1 > 0$ $\varepsilon > 0$ ... Asumir $\beta > 3$ y considerar la función

$$g(x,y) := 2v\lambda_1(1-\varepsilon) + \alpha(x^{(\beta-1)/2} + y^{(\beta-1)/2})$$
$$-\frac{1}{4v\varepsilon}(x+y), \ x,y \in [0,\infty).$$

El mínimo de $g(x,y)$ in alcanza

$\{(x,y) \in R^2 : x \geq 0, y \geq 0\}$ a

$$x_0 = (2\nu\varepsilon\alpha(\beta-1))^{-2/(\beta-3)},$$
$$y_0 = (2\nu\varepsilon\alpha(\beta-1))^{-2/(\beta-3)}.$$

Además, está satisfecho de que

$$g(x_0, y_0) = 2\nu\lambda_1(1-\varepsilon)$$
$$- (\beta-3)\alpha^{-2/(\beta-3)}(2\nu\varepsilon(\beta-1))^{-(\beta-1)/(\beta-3)}.$$

Encuentre $0 < \varepsilon \le 1$ el que cumple

$$g(x_0, y_0) = 2\nu\lambda_1(1-\varepsilon)$$
$$- (\beta-3)\alpha^{-2/(\beta-3)}(2\nu\varepsilon(\beta-1))^{-(\beta-1)/(\beta-3)}.$$

Esto equivale a

$$\lambda_1^{\beta-3}\alpha^2(2\nu)^{2\beta-4}(1-\varepsilon)^{\beta-3}\varepsilon^{\beta-1}$$
$$> \frac{(\beta-3)^{2\beta-4}}{(\beta-1)^{2\beta-2}}. \qquad (6.14)$$

El máximo de $(1-\varepsilon)^{\beta-3}\varepsilon^{\beta-1}$ in es $[0,1]$

$$\frac{(\beta-3)^{\beta-3}(\beta-1)^{\beta-1}}{(2\beta-4)^{2\beta-4}}.$$

Sustituya esto en (5.19), tenemos

$$\lambda_1^{\beta-3}\alpha^2(2\nu)^{2\beta-4} > \frac{(2\beta-4)^{2\beta-4}}{(\beta-1)^{2\beta-2}}.$$

Si $\beta = 3$, (5.17) es equivalente $\alpha\nu > 1/4$. De este modo, la prueba de Lemma 6.4 está terminada. $\square$

Teorema 6.2. Asumir que o $\ 5 > \beta > 3, \alpha > 0$ y $\beta = 3$, $\alpha v \geq 1/4$

$$f(x,t) \equiv f(x,t+T),\ f \in W_{loc}^{1,2}(0,\infty;(L^2(\Omega))^3).$$

Entonces (1.1) tiene una solución periódica con el período T.

Además, si (6.12) se cumple con el primer valor propio del operador de Stokes $\lambda_1\, A$, las soluciones débiles de (1.1) convergen a la solución periódica única de (1.1).

Prueba. Se trata de $u(t;u_0), t \geq 0$ una solución débil de Leray-Hopf de (1.1) con datos iniciales $u_0 \in L_\sigma^2$. Definir

$$J : L_\sigma^2 \to L_\sigma^2, Ju_0 = u(T;u_0).$$

Considere el conjunto

$$Z_0 := \left\{ u_0 \in L_\sigma^2 : \|u_0\| \leq K_3 := \frac{F}{(1 - e^{-\lambda_1 vT})} \right\},$$

donde

$$F := \int_0^T \|f(s)\|\,ds.$$

Aplicando el lema de Gronwall a (6.8) y pasando a $m \to \infty$ tenemos

$$\|u(T)\| \le e^{-\lambda_1 \nu T} \|u_0\| + \int_0^T e^{-\lambda_1 \nu (T-s)} \|f(s)\| ds$$

$$\le e^{-\lambda_1 \nu T} \|u_0\| + \int_0^T \|f(s)\| ds \qquad (6.15)$$

$$= e^{-\lambda_1 \nu T} \|u_0\| + F.$$

Por lo tanto si $u_0 \in Z_0$, se deduce que

$$\|u(T)\| \le e^{-\lambda_1 \nu T} K_3 + F = K_3. \qquad (6.16)$$

Es decir, tenemos $J Z_0 \subset Z_0 \ldots$

Similar a la prueba de Lemma 6.3, podemos ver que $J Z_0$ es precompacto en L_σ^2 . La continuidad de se demostró $J : L_\sigma^2 \to L_\sigma^2$ en Lemma 5.2.

Está claro que Z_0 es un conjunto cerrado, delimitado y convexo en L_σ^2. Dado que $J : Z_0 \to Z_0$ es un mapeo compacto y continuo, entonces desde el teorema del punto fijo de Schauder sabemos que tiene un J punto fijo en Z_0 . Por lo tanto, hay un $u_0 \in Z_0$ tal que $u(T; u_0) = u_0 \ldots$

Además, a partir del Teorema 4.1 y $u(T; u_0) = u_0 \in V$, sabemos que las soluciones débiles periódicas de Leray-Hopf son las soluciones fuertes periódicas.

Supongamos que (6.12) se cumple con el primer valor propio del operador de Stokes λ_1 A. Se trata de $u_T(x,t)$ una solución periódica con el período T y de $u(x,t;u_0)$ una solución débil de (1.1). Entonces u y pertenecer u_T a $C((0,T];L_\sigma^2)$ para cualquiera $T>0$, de (5.15) y la

desigualdad $\lambda_1\|\upsilon\|^2 \le \|\nabla\upsilon\|^2$ ($\forall\upsilon\in V$), se deduce que

$$
\begin{aligned}
&\|u(t)-u_T(t)\|^2 + 2\lambda_1\nu(1-\varepsilon)\int_s^t\|u-u_T\|^2\,d\tau \\
&\quad + \int_s^t d\tau\int_\Omega \alpha(|u|^{\beta-1}+|u_T|^{\beta-1})|u-u_T|^2\,dx \\
&\quad - \frac{1}{4\varepsilon\nu}\int_s^t d\tau\int_\Omega (|u|^2+|u_T|^2)|u-u_T|^2\,dx \\
&\le \|u(s)-u_T(s)\|^2,
\end{aligned}
\tag{6.17}
$$

para cualquier y $t>s>0$ $0<\varepsilon<1$.

Dado que (6.12) se satisface, Lemma 6.4 asegura que hay y $\delta>0$ $0<\varepsilon<1$ tal que

$$
\begin{aligned}
2\nu\lambda_1(1-\varepsilon)+\alpha(|u|^{\beta-1}+|u_T|^{\beta-1}) \\
-\frac{1}{4\nu\varepsilon}(|u|^2+|u_T|^2)\ge\delta,
\end{aligned}
\tag{6.15}
$$

para cualquier $u,\upsilon\in\square^{\,N}$.

Considerando (6.15), (6.17) implica

$$\|u(t)-u_T(t)\|^2 + \delta\int_s^t \|u-u_T\|^2\, d\tau \leq \|u(s)-u_T(s)\|^2$$

y hay una constante $\delta > 0$ tal que

$$\|u(t)-u_T(t)\|^2 \leq e^{-\delta(t-s)}\|u(s)-u_T(s)\|^2$$

para cualquier $t > s > 0$. Así se demuestra la última parte del Teorema 6.2.

Esto completa la prueba. $\square$

Observación 6.1. Para las ecuaciones de Navier-Stokes ((1.1) con $\alpha = 0$), en [28], mostraron que las soluciones débiles convergen hacia una solución estacionaria como si $t \to \infty$

$$\nu\left(\frac{\lambda_1}{c_2'}\right)^{3/4} > \frac{2}{\nu}\|f\| + \frac{c_2^2\|f\|^3}{\nu^5\lambda_1^{3/2}}, \qquad (6.16)$$

c_2', c_2 donde dependen sólo de Ω.

Para las ecuaciones de Navier-Stokes con amortiguación (1.1), mostramos que las soluciones débiles convergen a una solución estacionaria como si $t \to \infty$

$$\lambda_1^{\beta-3}\alpha^2(2v)^{2\beta-4} > \frac{(2\beta-4)^{2\beta-4}}{(\beta-1)^{2\beta-2}} \qquad (6.17)$$

Nótese que en (6.17), no hay ninguna condición sobre la fuerza externa f.

7. Ecuaciones con exponentes variables

Considere las ecuaciones amortiguadas de Navier-Stokes con exponentes variables

$$\begin{cases} \dfrac{\partial u}{\partial t} + (u\cdot\nabla)u - v\Delta u + \alpha|u|^{\beta(\cdot)-1}u \\ \qquad = -\nabla p + f, \; x\in\Omega, t\in(0,T), \\ \nabla\cdot u = 0, \qquad x\in\Omega, t\in(0,T), \\ u(x,t)=0, \qquad \partial x\in\Omega, t\in(0,T), \\ u(x,0)=u_0(x), \qquad\qquad x\in\Omega. \end{cases} \qquad (7.1)$$

El término $\alpha|u|^{\beta(\cdot)-1}u$ refleja una resistencia al flujo del fluido y si las propiedades del medio son variantes, entonces y $\alpha>0$ $\beta\geq 1$ no son constantes.

En este cap í tulo, demostraremos una cierta regularidad de las soluciones débiles de (7.1) y la singularidad de las soluciones débiles de Laray-Hopf.

Definición 7.1. Se dice u que una función es una solución débil de (1.1) si pertenece a u

$$L^{\infty}(0,T;H)\cap L^{2}(0,T;V)\cap L^{\beta(\cdot)+1}(0,T;(L^{\beta(\cdot,t)+1}(\Omega))^{3})$$

y satisface

$$\begin{cases} \dfrac{d}{dt}(u,\upsilon)+v((u,\upsilon))+b(u,u,\upsilon)+(\alpha|u|^{\beta(\cdot,t)-1}u,\upsilon) \\ \qquad =(f,\upsilon), \ \forall\,\upsilon\in V\cap(L^{\beta(\cdot,t)+1}(\Omega))^{3},t\in(0,T), \\ u(0)=u_{0}. \end{cases}$$

$$(7.2)$$

Por la siguiente Hölder's desigualdad generalizada

$$\int_{\Omega}|u|^{\beta(x,t)-1}u\cdot\upsilon dx\le 2\|u\|_{\beta(\cdot,t)+1}^{\beta(t)}\|\upsilon\|_{\beta(t)+1},$$

el término en $((\alpha|u|^{\beta(\cdot,t)-1}u,\upsilon)$ 7.2) está bien definido

para $u,\upsilon\in V\cap(L^{\beta(\cdot,t)+1}(\Omega))^{3}$ (ver [11]).

La existencia de soluciones débiles de (1.1) fue

demostrada por el método de Galerkin proporcionado
$(\beta \geq 1, \alpha > 0, \mathrm{ver}\, u_0 \in L^2_\sigma,\ f \in L^2(0,T;(L^2(\Omega))^3)$ [2]).

Denotemos por $L^\infty(Q_T)$ el espacio de todas las funciones medibles y delimitadas
$$\alpha : Q_T := \Omega \times (0,T) \to [0,\infty)$$
y definir
$$\alpha^-(t) = \operatorname*{essinf}_{x\in\Omega} \alpha(x,t),\ \alpha^+(t) = \operatorname*{esssup}_{x\in\Omega} \alpha(x,t),$$
$$\alpha^- = \operatorname*{essinf}_{t\in(0,T)} \alpha^-(t),\ \alpha^+ = \operatorname*{esssup}_{t\in(0,T)} \alpha^+(t).$$

Supuesto 1. Que se cumpla una $\alpha,\beta,\alpha_t,\beta_t \in L^\infty(Q_T)$ de las condiciones:

(i) $0 < \alpha^-,\, 3 < \beta^-, \beta_t \equiv 0$,

ii) $\dfrac{1}{4} < v\alpha^-,\, 3 \leq \beta^-, \beta_t \equiv 0$,

iii) $0 < \alpha^-,\, 3 < \beta^- \leq \beta^+ < 5$,

(iv) $\dfrac{1}{4} < v\alpha^-,\, 3 \leq \beta^- \leq \beta^+ < 5$.

Introducimos una desigualdad como la de Ladyzhenskaya (cf. [20, p. 62])

Lemma 7. 1. Supongamos que y $\alpha,\beta,\alpha_t,\beta_t \in L^\infty(Q_T)\, 1 \leq \beta^- \leq \beta^+ < 5$. Entonces hay una constante $\quad C > 0 \quad$ tal $\quad$ que $\quad$ para $\quad$ cualquier $0 < \varepsilon < (5 - \beta^+)/6$, $\quad u \in V \cap (L^{\beta(\cdot)+1}(\Omega))^3$ y para casi todos $t \in (0, T)$, satisface que

$$
\int_\Omega |u|^{\beta(\cdot,t)+1+\varepsilon} \, dx
$$

$$
\leq C (1 + \int_\Omega |u|^{\beta(\cdot,t)+1} \, dx)^{1 - \frac{\varepsilon}{5-\beta^+}} \|\nabla u\|^{\frac{6\varepsilon}{5-\beta^+}} . \tag{7.3}
$$

Prueba. Hölder's Por la desigualdad tenemos

$$
\int_\Omega |u|^{\beta(\cdot,t)+1+\varepsilon} \, dx = \int_\Omega |u|^\gamma |u|^{\beta(\cdot,t)+1+\varepsilon-\gamma} \, dx
$$

$$
\leq \left(\int_\Omega |u|^6 \, dx \right)^{\frac{\gamma}{6}} \left(\int_\Omega |u|^{\frac{6(\beta(\cdot,t)+1+\varepsilon-\gamma)}{6-\gamma}} \, dx \right)^{1-\frac{\gamma}{6}}
$$

para $0 < \gamma \leq 2$. La desigualdad de Sobolev implica

$$
\left(\int_\Omega |u|^6 \, dx \right)^{\frac{1}{6}} \leq C \|\nabla u\|.
$$

Alquiler

$$
\gamma = \frac{6\varepsilon}{5 - \beta^+} > 0 ,
$$

tenemos

$$
\frac{6(\beta + 1 + \varepsilon - \gamma)}{6 - \gamma} = \frac{(\beta + 1 + \varepsilon)(5 - \beta^+) - 6\varepsilon}{5 - \beta^+ - \varepsilon}
$$

$$= \frac{(5-\beta^+ - \varepsilon)(\beta+1) + \varepsilon(6-\beta^+ + \beta) - 6\varepsilon}{5-\beta^+ - \varepsilon}$$

$$= \beta + 1 - \varepsilon \frac{\beta^+ - \beta}{5-\beta^+ - \varepsilon} \leq \beta + 1$$

y se deduce que

$$\int_\Omega |u|^{\beta(\cdot,t)+1+\varepsilon}\, dx \leq C\|\nabla u\|^\gamma \left(\int_\Omega (1+|u|^{\beta(\cdot,t)+1})dx \right)^{1-\frac{\gamma}{6}}.$$

Así se demuestra Lemma 7.1. □

Teorema 7. 1. Supongamos que

$$f \in W^{1,2}(0,T;(L^2(\Omega))^3), \alpha, \beta, \alpha_t, \beta_t \in L^\infty(Q_T)$$

y $u_0 \in D(A)$ y (i) o (ii) se cumple. Entonces existe una solución débil $u(x,t)$ de (1.1) tal que

$$u \in W^{1,2}(0,T;L^2_\sigma) \tag{2.2}$$

Prueba. Supongamos que $u_0 \in D(A)$ ... Entonces la incrustación implica $u_0 \in L^\infty(\Omega)$. Sean las $\omega_1, \omega_2, \cdots, \omega_k, \cdots$ funciones propias correspondientes a los valores propios $\lambda_1 < \lambda_2 \leq \cdots$ del operador de Stokes A y una base orto-normal completa de L^2_σ . Sea W_m el espacio abarcado por y $\{\omega_1, \omega_2, \cdots, \omega_m\}$ P_m sea el proyector ortogonal en L^2_σ W_m . Considere las funciones

$$u_m(x,t) = \sum_{j=1}^{m} g_{jm}(t)\omega_k(x), \quad m = 1,2,\cdots$$

satisfaciendo el siguiente sistema de ecuaciones diferenciales ordinarias:

$$
\begin{aligned}
(u_{mt}(t),\upsilon) &+ ((u_m(t)\cdot\nabla)u_m(t),\upsilon) \\
&- v(\Delta u_m(t),\upsilon) + \alpha(|u_m(t)|^{\beta-1}u_m(t),\upsilon) \\
&= (f(t),\upsilon), \forall \upsilon \in W_m, t > 0,
\end{aligned}
\tag{7.4}
$$
$$u_m(x,0) = u_{0m}(x) = (P_m u_0)(x).$$

Ya que $u_0 \in D(A)$, tenemos $\left\{P_m u_0\right\}_{m=1}^{\infty}$ está limitado

en y $V \cap (H^2(\Omega))^3$ $\left\{u_{mt}(0)\right\}_{m=1}^{\infty}$ está limitado por

L_σ^2 similar al Capítulo 1.

Diferenciando la primera ecuación de (7.4) con respecto a t y sustituyéndola por $\upsilon\, u_{mt}$, entonces Obtener

$$
\begin{aligned}
\frac{1}{2}\frac{d}{dt}\|u_{mt}\|^2 &+ v\|\nabla u_{mt}\|^2 + (\alpha(|u_m|^{\beta(\cdot)-1}u_m)_t, u_{mt}) \\
&= -(((u_m\cdot\nabla)u_m)_t, u_{mt}) + (f_t(t), u_{mt}).
\end{aligned}
\tag{7.5}
$$

El tercer término en la mano izquierda de (7.5) es evaluado por

$$((\alpha |u_m|^{\beta(\cdot)-1} u_m)_t, u_{mt})$$
$$= (\alpha |u_m|^{\beta(\cdot)-1} u_{mt}, u_{mt})$$
$$+ \int_\Omega \frac{\alpha(\beta-1)}{4} |u_m|^{\beta(x)-3} \left| \frac{\partial}{\partial t} |u_m|^2 \right|^2 dx$$
$$+ \int_\Omega \frac{\alpha_t}{2} |u_m|^{\beta(x)-1} \frac{\partial}{\partial t} |u_m|^2 dx$$
$$\geq (\alpha |u_m|^{\beta(\cdot)-1} u_{mt}, u_{mt})$$
$$- \int_\Omega (\frac{\alpha_t}{2})^2 \frac{1}{\alpha(\beta-1)} |u_m|^{\beta(x)+1} dx$$
$$\geq (\alpha |u_m|^{\beta(\cdot)-1} u_{mt}, u_{mt})$$
$$- C \int_\Omega \alpha |u_m|^{\beta(x)+1} dx. \tag{7.6}$$

Así, de (7.5) y (7.6), tenemos

$$\frac{1}{2}\frac{d}{dt}\left\|u_{mt}\right\|^2 + \nu(1-\varepsilon_1)\left\|\nabla u_{mt}\right\|^2$$

$$+ (\alpha|u_m|^{\beta(\cdot)-1}u_{mt}, u_{mt}) - \frac{1}{4\varepsilon_1\nu}\left\|\,|u_m|\,|u_{mt}|\,\right\|^2 \quad (7.7)$$

$$\leq C\int_\Omega \alpha|u_m|^{\beta(x)+1}\,dx + \frac{1}{4}\left\|u_{mt}\right\|^2 + \left\|f_t(t)\right\|^2.$$

Si o $\beta^- = 3, \alpha^-\nu \geq 1/4$ $\beta^- > 3, \alpha^- > 0$, podemos elegir constantes y $0 < \varepsilon \leq 1$ satisfactorias $\gamma \geq 0$

$$-\gamma\left\|u_t\right\|^2 \leq \alpha^-\left\|\,|u_m|^{(\beta^--1)/2}|u_{mt}|\,\right\|^2 - \frac{1}{4\varepsilon_1\nu}\left\|\,|u_m|\,|u_{mt}|\,\right\|^2$$

$$\leq (\alpha|u_m|^{\beta(\cdot)-1}u_{mt}, u_{mt}) - \frac{1}{4\varepsilon_1\nu}\left\|\,|u_m|\,|u_{mt}|\,\right\|^2. \quad (7.8)$$

Sustituya (7.8) por (7.7) y aplique el lema de Gronwall para obtener

$$\left\|u_{mt}(t)\right\|^2 \leq C\Big(\left\|u_{mt}(0)\right\|^2 + \left\|\alpha\right\|_{L^\infty(Q_T)}\int_0^T dt\int_\Omega |u_m|^{\beta()+1}\,dx$$

$$+ \int_0^T\left\|f_t(t)\right\|^2 dt\Big) \leq C, \quad (7.9)$$

para $0 < t \leq T$.

Ya que $\{u_m\}_{m=1}^\infty$ está unido en $W^{1,2}(0,T;L_\sigma^2)$, el

Solución G-débil u que es una limitación de un subsequence pertenece $\{u_{m_k}\}$ a $W^{1,2}(0,T;L^2_\sigma)$. $\square$

Teorema 7.2. Supongamos que $\alpha,\beta,\alpha_t,\beta_t \in L^\infty(Q_T)$, y $f \in W^{1,2}(0,T;(L^2(\Omega))^3)$ $u_0 \in V$ y (iii) o (iv) se cumple. Entonces existe una solución débil de ($u(x,t)$ 7.1) tal que

$$u \in L^\infty(0,T;V) \cap L^2(0,T;D(A)),$$
$$u_t \in L^2(0,T;(L^2(\Omega))^3) \tag{7.10}$$

Prueba. La prueba es similar a la prueba del Teorema 4.1. Así que, tenemos

$$\frac{d}{dt}\|\nabla u_m\|^2 + \frac{\nu}{2}\|Au_m\|^2$$
$$\leq C + C\|\nabla u_m\|^{2(\beta^++3)/(5-\beta^-)} + \frac{2}{\nu}\|f(t)\|^2 \tag{7.11}$$

(ver (4.8)). Por lo tanto, hay un momento en el $0 < T_1 < T$ que

$$\sup_{0\le t\le T_1}\left\|\nabla u_m(t)\right\|^2 + \int_0^{T_1}\left\|Au_m(t)\right\|^2 dt$$

$$+ \int_0^{T_1}\left\|u_{mt}(t)\right\|^2 dt \le C_1. \tag{7.12}$$

Esto demuestra la existencia de soluciones locales fuertes de

(7.1) definido el $[0,T_1]$.

A continuación, demostrar la existencia de soluciones globales fuertes de (7.1). Desde

$$\frac{d}{dt}\int_\Omega \frac{\alpha}{\beta+1}\left|u_m\right|^{\beta(x,t)+1} dx = \int_\Omega (\frac{\alpha}{\beta+1})_t \left|u_m\right|^{\beta(x,t)+1} dx$$

$$+ \int_\Omega \frac{\alpha}{\beta+1}(\left|u_m\right|^{\beta(x,t)+1})_t dx$$

y

$$(\left|u_m\right|^{\beta(x,t)+1})_t = ((\left|u_m\right|^2)^{(\beta(x,t)+1)/2})_t$$

$$= \left|u_m\right|^{\beta(x,t)+1}(\frac{\beta_t}{2}\ln\left|u_m\right|^2 + (\beta+1)\left|u_m\right|^{-2} u_m \cdot u_{mt}),$$

deducimos

$$\frac{d}{dt}\int_\Omega \frac{\alpha}{\beta+1}|u_m|^{\beta(x,t)+1}\,dx = \int_\Omega \left(\frac{\alpha}{\beta+1}\right)_t |u_m|^{\beta(x,t)+1}\,dx$$

$$+ \int_\Omega \alpha |u_m|^{\beta(x,t)-1} u_m \cdot u_{mt}\,dx$$

$$+ \int_\Omega \frac{\alpha\beta_t}{2(\beta+1)}|u_m|^{\beta(x,t)+1}\ln|u_m|^2\,dx.$$

De Lemma 7.1, se deduce que para $0<\varepsilon<(5-\beta^+)/6$,

$$\left|\int_\Omega \frac{\alpha\beta_t}{2(\beta+1)}|u_m|^{\beta(\cdot)+1}\ln|u_m|^2\,dx\right|$$

$$\leq \int_\Omega \left|\frac{\alpha\beta_t}{\beta+1}\right|(1+\frac{2}{\varepsilon e}|u_m|^{\beta(x,t)+1+\varepsilon})\,dx$$

$$\leq C(1+\int_\Omega |u_m|^{\beta(x,t)+1+\varepsilon}\,dx)$$

$$\leq C(1+\int_\Omega |u_m|^{\beta(x,t)+1}\,dx)^{1-\frac{\varepsilon}{5-\beta^+}}\|\nabla u_m\|^{\frac{6\varepsilon}{5-\beta^+}}$$

$$\leq C(1+\int_\Omega |u_m|^{\beta(x,t)+1}\,dx)(1+\|\nabla u_m\|^2).$$

Esto implica que

$$-\int_\Omega \alpha |u_m|^{\beta(x,t)-1} u_m \cdot u_{mt} dx$$

$$= -\frac{d}{dt} \int_\Omega \frac{\alpha}{\beta+1} |u_m|^{\beta(x,t)+1} dx$$

$$+ \int_\Omega (\frac{\alpha}{\beta+1})_t |u_m|^{\beta(x,t)+1} dx$$

$$+ \int_\Omega \frac{\alpha\beta_t}{2(\beta+1)} |u_m|^{\beta(x,t)+1} \ln|u_m|^2 dx \qquad (7.13)$$

$$\leq -\frac{d}{dt} \int_\Omega \frac{\alpha}{\beta+1} |u_m|^{\beta(x,t)+1} dx$$

$$+ C(1 + \int_\Omega |u_m|^{\beta(x,t)+1} dx)(1 + \|\nabla u_m\|^2)$$

Reemplazando por u_{mt} en (v 7.4), usando el desigualdad y (2.32) en [28] y sustituyendo (7.13), tenemos

$$\frac{1}{2}\|u_{mt}\|^2 + \frac{v}{2}\frac{d}{dt}\|\nabla u_m\|^2 + \frac{d}{dt}\int_\Omega \frac{\alpha}{\beta+1} |u_m|^{\beta(x,t)+1} dx$$

$$\leq C(1 + \int_\Omega |u_m|^{\beta(x,t)+1} dx)(1 + \|\nabla u_m\|^2)$$

$$+ v\varepsilon_1 \|\nabla u_{mt}\|^2 + \|f(t)\|^2, \qquad (7.14)$$

para cualquier $\varepsilon_1 > 0$.

Por otro lado, (7.12) implica que hay un tiempo $t_m \in (0, T_1)$ que satisface

$$\|u_{mt}(t_m)\|^2 \le \frac{C_1}{T_1}. \tag{7.15}$$

Para la estimación del plazo $((\alpha |u_m|^{\beta(\cdot,t)-1} u_m)_t, u_{mt})$, obtenemos que

$$(|u_m|^{\beta(x,t)-1})_t = ((|u_m|^2)^{(\beta(x,t)-1)/2})_t$$
$$= |u_m|^{\beta(x,t)-1} (\frac{\beta_t}{2} \ln|u_m|^2 + (\beta-1)|u_m|^{-2} u_m \cdot u_{mt})$$

implica que

$$((\alpha |u_m|^{\beta(\cdot,t)-1} u_m)_t, u_{mt}) = \int_\Omega \alpha |u_m|^{\beta(x,t)-1} |u_{mt}|^2 \, dx$$
$$+ \int_\Omega \alpha_t |u_m|^{\beta(x,t)-1} u_m \cdot u_{mt} dx$$

$$+ \int_\Omega \alpha (|u_m|^{\beta(x,t)-1})_t u_m \cdot u_{mt} dx$$
$$= \int_\Omega \alpha |u_m|^{\beta(x,t)-1} |u_{mt}|^2 \, dx$$
$$+ \int_\Omega \alpha(\beta-1)|u_m|^{\beta(x,t)-3} |u_m \cdot u_{mt}|^2 \, dx$$
$$+ \int_\Omega \frac{\beta_t \alpha}{2} |u_m|^{\beta(x,t)-1} u_m \cdot u_{mt} \ln|u_m|^2 \, dx$$

$$+ \int_\Omega \alpha_t |u|^{\beta(x,t)-1} u_m \cdot u_{mt} dx.$$

Además, tenemos

$$\int_\Omega \alpha_t |u_m|^{\beta(x,t)-1} u_m \cdot u_{mt} dx \leq \int_\Omega |\alpha_t| |u_m|^{\beta(x,t)-1} |u_m \cdot u_{mt}| dx$$

$$\leq \frac{1}{4} \int_\Omega \alpha(\beta-1) |u_m|^{\beta(x,t)-3} |u_m \cdot u_{mt}| dx$$

$$+ \int_\Omega \frac{|\alpha_t|^2}{\alpha(\beta-1)} |u_m|^{\beta(x,t)+1} dx,$$

$$\int_\Omega \frac{\beta_t \alpha}{2} |u_m|^{\beta(x,t)-1} u_m \cdot u_{mt} \ln|u_m|^2 dx$$

$$\leq \frac{1}{4} \int_\Omega \alpha(\beta-1) |u|^{\beta(x,t)-3} |u_m \cdot u_{mt}| dx \ .$$

$$+ \int_\Omega \frac{\alpha |\beta_t|^2}{\beta-1} |u_m|^{\beta(x,t)+1} (\ln|u_m|^2)^2 dx.$$

Ya que se deduce que

$$\int_\Omega \frac{\alpha |\beta_t|^2}{\beta-1} |u_m|^{\beta(x,t)+1} (\ln|u_m|^2)^2 dx$$

$$\leq \int_\Omega \frac{\alpha |\beta_t|^2}{\beta-1} (1 + \frac{4}{(\varepsilon e)^2} |u_m|^{\beta(x,t)+1+2\varepsilon}) dx$$

$$\leq C(1 + \int_\Omega |u_m|^{\beta(x,t)+1} dx)(1 + \|\nabla u_m\|^2)$$

para $0<\varepsilon<(5-\beta^{+})/12$, tenemos

$$((\alpha|u_m|^{\beta(\cdot,t)-1}u_m)_t,u_{mt})\geq \int_{\Omega}\alpha|u_m|^{\beta(x,t)-1}|u_{mt}|^2\,dx$$

$$+\frac{1}{2}\int_{\Omega}\alpha(\beta-1)|u_m|^{\beta(x,t)-3}|u_m\cdot u_{mt}|^2\,dx \quad (7.16)$$

$$-C(1+\int_{\Omega}|u_m|^{\beta(x,t)+1}\,dx)(1+\|\nabla u_m\|^2).$$

La sustitución de (7.16) por (7.5) nos da

$$\frac{1}{2}\frac{d}{dt}\|u_{mt}\|^2+\nu(1-\varepsilon_2)\|\nabla u_{mt}\|^2$$

$$+\int_{\Omega}\alpha|u_m|^{\beta(x,t)-1}|u_{mt}|^2\,dx-\frac{1}{4\varepsilon_2\nu}\|u_m\|\|u_{mt}\|^2$$

$$\leq C(1+\int_{\Omega}|u_m|^{\beta(x,t)+1}\,dx)(1+\|\nabla u_m\|^2) \quad (7.17)$$

$$+\frac{1}{4}\|u_{mt}\|^2+\|f_t(t)\|^2$$

Ya que existen tales que $0\leq\gamma, 0<\varepsilon_2<1$

$$\int_{\Omega}\alpha|u_m|^{\beta(x,t)-1}|u_{mt}|^2\,dx-\frac{1}{4\nu\varepsilon_2}\|u_m\|\|u_{mt}\|^2\leq\gamma\|u_{mt}\|^2$$

si o $\alpha^->0,\beta^->3\,\alpha^-\nu>1/4,\beta^-=3$, (7.17) se reescribe como

$$\frac{1}{2}\frac{d}{dt}\|u_{mt}\|^2 + v(1-\varepsilon_2)\|\nabla u_{mt}\|^2$$

$$\leq C(1+\int_\Omega |u_m|^{\beta(x,t)+1}\,dx(1+\|\nabla u_m\|^2) \quad (7.18)$$

$$+\|u_{mt}\|^2 + \|f_t(t)\|^2)$$

Sumando (7.14) y (7.18), tenemos

$$\frac{1}{2}\frac{d}{dt}\|u_{mt}\|^2 + \frac{v}{2}\frac{d}{dt}\|\nabla u_m\|^2$$

$$+\frac{d}{dt}\int_\Omega \frac{\alpha}{\beta+1}|u_m|^{\beta(x,t)+1}\,dx$$

$$+v(1-\varepsilon_1-\varepsilon_2)\|\nabla u_{mt}\|^2 \quad (7.19)$$

$$\leq C(1+\int_\Omega |u_m|^{\beta(x,t)+1}\,dx)(1+\|\nabla u_m\|^2)$$

$$+C\|u_{mt}\|^2 + \|f\|^2 + \|f_t\|^2 .$$

Elija $0<\varepsilon_1<1-\varepsilon_2$. Desde

$$1+\int_\Omega |u_m|^{\beta(x,t)+1}\,dx$$

es integrable en $[0,T]$, podemos aplicar el lema de Gronwall al (7.19) $[t_m,T]$ para obtener

$$\left\| u_{mt}(t) \right\|^2 + \left\| \nabla u_m(t) \right\|^2 + \int_{t_m}^{T} \left\| \nabla u_{mt}(t) \right\|^2 dt$$

$$\leq C(\left\| u_t(t_m) \right\|^2 + \left\| \nabla u_m(t_m) \right\|^2$$

$$+ \int_0^T (\left\| f \right\|^2 + \left\| f_t \right\|^2)dt), t_m \leq t \leq T. \quad (7.20)$$

De (7.12) y (7.15), $\left\| u_t(t_m) \right\|^2 + \left\| \nabla u_m(t_m) \right\|^2$ está limitado y

así tenemos

$$\left\| u_{mt}(t) \right\|^2 + \left\| \nabla u_m(t) \right\|^2 + \int_{T_1}^{T} \left\| \nabla u_{mt}(t) \right\|^2 dt$$
$$\quad (7.21)$$
$$\leq C(1 + \int_0^T (\left\| f \right\|^2 + \left\| f_t \right\|^2)dt), T_1 \leq t \leq T.$$

Sustituir (7.21) por (7.11), integrarlo y combinar la desigualdad resultante con (7.11) para obtener

$$\left\| \nabla u_m(t) \right\|^2 + \int_0^T \left\| A u_m(t) \right\|^2 dt$$
$$\quad (7.22)$$
$$+ \int_0^T \left\| u_{mt}(t) \right\|^2 dt \leq C, t \in [0,T], m \geq 1.$$

Por lo tanto, las soluciones débiles de (1.1) construidas por el método de Galerkin satisfacen

$$\left\|\nabla u(t)\right\|^2 + \int_0^T \left\|Au(t)\right\|^2 dt + \int_0^T \left\|u_t(t)\right\|^2 dt \leq C$$

para casi todos $t \in [0,T]$. $\square$

Observación 7. 1. Aunque $\beta(x,t) = \beta$, la suposición $\beta < 5$ es esencial para probar la existencia de soluciones globales fuertes de (1.1), mientras que la suposición $\beta < 5$ es innecesaria en el problema de Cauchy (ver [6, Theo. 1]). Por nuestro argumento, en el caso de $\beta \geq 5, \alpha > 0$, la existencia de las soluciones fuertes globales de (1.1) se demuestra si se demuestra la existencia de las soluciones fuertes locales de (1.1). Sin embargo, en el caso de $\beta \geq 5, \alpha > 0$, la existencia de las soluciones fuertes locales de (1.1) está abierta aunque $\beta(x,t) = \beta$ (constante).

También, en caso de que eso $\beta(x,t)$ sea una función y $\beta^+ \geq 5$, la existencia de soluciones globales fuertes del problema del Cáucaso permanece abierta todavía.

Teorema 7.2. Supongamos que $\alpha, \beta, \alpha_t, \beta_t \in L^\infty(Q_T)$, $f \in L^2(0,T;(L^2(\Omega))^3)$, $u_0 \in L^2_\sigma$ y uno de los (i), (ii) , (iii) y (iv) se cumple. Remolquemos $u^{(2)}$ las soluciones débiles de (7.1) para satisfacer la desigualdad energética

$$\frac{1}{2}\left\|u^{(i)}(t)\right\|^2 + v\int_0^t \left\|\nabla u^{(i)}(\tau)\right\|^2 d\tau + \int_0^t\int_\Omega \alpha \left|u^{(i)}\right|^{\beta(x,\tau)+1} dxd\tau$$

$$\leq \frac{1}{2}\left\|u_0\right\|^2 + \int_0^t (f(\tau),u^{(i)}(\tau))d\tau, t \in [0,T], i = 1,2,$$

respectivamente, entonces $u^{(1)} = u^{(2)}$.

La prueba de la singularidad de la solución débil es similar a la prueba del teorema 5.1, por lo que se omite.

Capítulo 2. El sistema Boussinesq
con amortiguación

En este capítulo se consideran las ecuaciones del Sistema Boussinesq con amortiguación en un conjunto delimitado $\Omega \subset \square^3$.

Demostraremos la existencia de soluciones fuertes, la singularidad de las soluciones débiles, la existencia de soluciones temporales y la estabilidad asintótica global de las soluciones temporales bajo ciertas condiciones de parámetros.

1. Introducción

Considere el sistema Boussinesq con un término no lineal

$$\begin{cases} u_t - \nu\Delta u + (u \cdot \nabla)u + \alpha |u|^{\beta-1} u + \nabla p \\ \qquad\qquad = \theta e_3, (x,t) \in \Omega \times (0,\infty), \\ \theta_t + u \cdot \nabla\theta - \kappa\Delta\theta = f, (x,t) \in \Omega \times (0,\infty), \quad (1.1) \\ \qquad \mathrm{div}u = 0, \qquad\quad (x,t) \in \Omega \times (0,\infty), \\ \left.u\right|_{\partial\Omega} = 0, \left.\theta\right|_{\partial\Omega} = 0, \qquad\qquad t \in (0,\infty), \end{cases}$$

donde y $\alpha > 0, \beta \geq 1\, \nu > 0$ son constantes y $f(x,t)$ es la fuente. $\Omega \subset \square^3$ es un conjunto de límites abiertos con el límite $\partial\Omega$ lo suficientemente suave y $e_3 = (0,0,1)$. Las funciones desconocidas y $u(x,t), p(x,t)\, \theta(x,t)$ son la velocidad, la presión y la temperatura del fluido, respectivamente.

La condición inicial es

$$u(x,0) = u_0(x), \theta(x,0) = \theta_0(x), x \in \Omega \quad (1.2)$$

y la condición de tiempo-periodicidad es

$$u(x,t) = u(x,t+T),$$
$$\theta(x,t) = \theta(x,t+T), x \in \Omega, t \geq 0. \quad (1.3)$$

Cuando $\alpha = 0$, el sistema (1.1) es conocido en la literatura como el sistema de Oberbeck-Boussinesq, o Boussinesq, el cual describe el movimiento de un fluido conducido por fuerzas de flotación y simplificado asumiendo que el movimiento es isocórico. Para una discusión detallada sobre el sistema Boussinesq, véase, por ejemplo,[16, 24] y las referencias que contiene. El sistema Boussinesq ha sido ampliamente estudiado por varios autores desde un interés teórico. Primero, en [7], demostraron la existencia de una solución única, local en el tiempo, débil en $\square^n \times (0,T]$, donde la advección para la ecuación de la temperatura se satisface con un término extra que se da. Estos resultados fueron mejorados o generalizados por muchos autores (ver por ejemplo [9, 13, 15, 17, 23]).

$\alpha = 0$ Cuando se han estudiado las soluciones temporales del sistema de Boussinesq en 3D en [15, 23]. En [15], demostraron la existencia y regularidad de soluciones fuertes de los problemas periódicos para las ecuaciones de convección de calor en regiones con límites que se mueven periódicamente y con un número suficientemente grande ν por una teoría de perturbaciones para los operadores subdiferenciales dependientes del tiempo. En [23], para $f = 0$ y la condición de límite cero de Dirichlet $u(x,t)$ para pero condición de Dirichlet-Neumann para θ, la existencia de soluciones periódicas débiles del sistema 3D de Boussinesq con $\eta \theta e_3 \; \theta e_3$ en lugar de se mostró en condición de pequeñez para η.

En [2] se estudió el sistema de Boussinesq con amortiguamiento en el que el coeficiente α y el exponente dependen β de la temperatura, y se demuestra la existencia de las soluciones débiles del problema y su singularidad en 2D. Luego, considerando un rango de temperatura bajo, pero superior al de cambio de fase, estudiaron varias propiedades relacionadas con la desaparición en el tiempo de la componente de velocidad de las soluciones débiles. Sin embargo, parece que no hay ningún resultado para las soluciones fuertes y las soluciones fuertes temporales del sistema Boussinesq con amortiguación (1.1).

En este Capítulo damos un paso hacia la dirección al extender los resultados establecidos en el Capítulo 1, para las ecuaciones de Navier-Stokes, al sistema de Boussinesq. En primer lugar, vamos a encontrar algunas condiciones sobre los parámetros para garantizar la existencia global de las soluciones fuertes del sistema

(1.1). En segundo lugar, vamos a demostrar que existe una solución fuerte única en el tiempo y que las soluciones débiles convergen en la solución fuerte en el tiempo como en $t \to \infty$ algunas condiciones.

2. Notas y Definiciones

Utilizaremos notaciones de espacios, producto interior y normas iguales a las del capítulo 1. Denota las normas en y $(L^q(\Omega))^3 \ L^q(\Omega)$ por la misma noción y $\|\cdot\|_q (1 \leq q \leq \infty) \ \|\cdot\| = \|\cdot\|_2$. También, denota el producto interno en por $L^2(\Omega) \ (\cdot,\cdot)$. Para cualquier $T > 0$, denota $Q_T := \Omega \times (0,T)$.

Definición 2.1. Un par $\{u,\theta\}$ de funciones y $u \in L^\infty_{loc}$ $(0,\infty;L^2_\sigma) \cap L^2_{loc}(0,\infty;V) \cap L^{\beta+1}_{loc}(0,\infty;(L^{\beta+1}(\Omega))^3)$ $\theta \in L^\infty_{loc}(0,\infty;L^2(\Omega)) \cap L^2_{loc}(0,\infty;H^1_0(\Omega))$ se dice que es una <u>solución débil</u> de (1.1), (1.2) si satisface

$$-\int_0^T (u,\xi_t)dt + \nu\int_0^T ((u,\xi))dt + \int_0^T ((u\cdot\nabla)u,\xi)dt$$

$$+\alpha\int_0^T (|u|^{\beta-1}u,\xi)dt = \int_0^T (\theta e_3,\xi)dt + (u_0,\xi_0), \quad (2.1)$$

$$\forall \xi \in C^1([0,T];C_{0,\sigma}^\infty(\Omega)), \xi(\cdot,T)=0,$$

$$-\int_0^T (\theta,\eta_t)dt + \kappa\int_0^T (\nabla\theta,\nabla\eta)dt - \int_0^T (\theta u,\nabla\eta)dt$$

$$= \int_0^T (f(t),\eta)dt + (\theta_0,\eta_0), \quad (2.2)$$

$$\forall \eta \in C^1([0,T];H_0^1(\Omega)), \eta(\cdot,T)=0,$$

para cualquier $T>0$.

Definición 2.2. Decimos que un par $\{u,\theta\}$ de funciones es una <u>solución fuerte</u> de (1.1), (1.2) si $\{u,\theta\}$ es una solución débil de (1.1), (1.2),

$$u \in L_{loc}^\infty(0,\infty;V\cap(L^{\beta+1}(\Omega))^3)\cap L_{loc}^2(0,\infty;D(A))$$

y

$$\theta \in L_{loc}^\infty(0,\infty;H_0^1(\Omega))\cap L_{loc}^2(0,\infty;H^2(\Omega)).$$

Y, una solución fuerte $\{u,\theta\}$ de (1.1),(1.2) se llama una <u>solución fuerte</u> de (1.1) si satisface (1.3).

Que las $\omega_1,\omega_2,\cdots,\omega_k,\cdots$ funciones propias correspondan...

Deje W_m el espacio ocupado por y $\lambda_1 < \lambda_2 \leq \cdots \leq \lambda_k \cdots$ $\{\omega_1, \omega_2, \cdots, \omega_m\}$ P_m sea el proyector ortogonal en L_σ^2 L_σ^2 W_m.

Para $m \geq 1$, considere las funciones

$$u_m(x,t) = \sum_{k=1}^{m} g_{mk}(t) \omega_k(x)$$

$\theta_m(x,t)$ y satisfaciendo el siguiente sistema de ecuaciones diferenciales:

$$(u_{mt}, \upsilon) + ((u_m(t) \cdot \nabla) u_m(t), \upsilon)$$

$$- \nu(\Delta u_m(t), \upsilon) + \alpha(|u_m(t)|^{\beta-1} u_m(t), \upsilon) \quad (2.3)$$

$$= (\theta_m(t) e_3, \upsilon), \forall \upsilon \in W_m, t > 0,$$

$$u_m(x,0) = u_{0m}(x) = (P_m u_0)(x), \quad (2.4)$$

$$\frac{\partial}{\partial t} \theta_m + u_m \cdot \nabla \theta_m = \kappa \Delta \theta_m + f_m(t), \ x \in \Omega, t > 0, (2.5)$$

$$\theta_m(x,t) = 0, \ x \in \partial\Omega, t > 0, \quad (2.6)$$

$$\theta_m(x,0) = \theta_{0m}(x), \ x \in \Omega. \quad (2.7)$$

Un par de $\{u_m, \theta_m\}$ funciones que satisfacen (2.3)-(2.7) se denomina aproximación semi-Galerkin de (1.1),(1.2).

Se demostró que una secuencia de aproximación semi-galer í nica $\{u_m, \theta_m\}_{m=1}^{\infty}$ de (1.1), (1.2) tiene una subsecuente que converge en una solución débil $\{u,\theta\}$ de (1.1),(1.2) como $m \to \infty$ (ver Teorema 3.1 en [2]) si $\beta \geq 1, \alpha > 0,$ $f \in L^2_{loc}(0,\infty; L^2(\Omega))$, y $u_0 \in L^2_\sigma$ $\theta_0 \in L^2(\Omega)$.

Definición 2.3. Una solución débil $\{u,\theta\}$ de (1.1) ,(1.2) obtenida por el método de semi-Galerkin se denomina <u>solución semi-G-débil</u> de (1.1),(1.2).

3. Existencia de soluciones sólidas

En esta sección demostraremos la existencia de soluciones fuertes de (1.1),(1.2).

Arreglar $T > 0$.

Teorema 3.1. Supongamos que o $5 > \beta > 3, \alpha > 0$ y $\beta = 3, 4\alpha v > 1$ $u_0 \in V$. También asuma que una de las dos condiciones siguientes se satisface;

(i) $5 > \beta \geq 4,$ $\theta_0 \in H^1_0(\Omega)$ $f \in L^2(Q_T)$, ,

(ii) $4 > \beta \geq 3, \theta_0 \in H^1_0(\Omega) \cap L^{6/(\beta-3)}(\Omega),$

$\quad f \in L^2(0,T; L^{6/(\beta-3)}(\Omega)).$

Entonces la solución semidébil $\{u,\theta\}$ de (1.1),(1.2) satisface

$$u \in L^{\infty}(0,T;V) \cap L^2(0,T;D(A)) \cap W^{1,2}(0,T;(L^2(\Omega))^3),$$

$$\theta \in L^{\infty}(0,T;H_0^1(\Omega)) \cap L^2(0,T;H^2(\Omega)) \cap W^{1,2}(0,T;L^2(\Omega)).$$

Prueba. Primero, pruebe el Teorema 3.1 en el caso de (i).

Asume eso y $u_0 \in V$

$$5 > \beta \geq 4,\ \theta_0 \in H_0^1(\Omega)\ f \in L^2(Q_T)\ ,.$$

Dejar $f_m \in C^{\infty}([0,T];C_0^{\infty}(\Omega))$ y converger $\theta_{0m} \in C_0^{\infty}(\Omega)$ a en f y $L^2(Q_T)$ en θ_0 como $H_0^1(\Omega)$ $m \to \infty$, respectivamente. Entonces los coeficientes son

suaves y satisfacen θ_{0m} las compatibilidades, de la teorí

a de las ecuaciones diferenciales ordinarias y de una de

las ecuaciones parabólicas (véase [20]), se muestra que

para cualquier $m \in \square$, existe una única solución suave

$\{u_m, \theta_m\}$ al problema (2.3)-(2.7) definida en algún

intervalo $[0,T_m], T_m > 0$; de hecho la siguiente estimaci

ón a priori muestra que $T_m = T$.

Es bien conocida la desigualdad

$$\mu_1 \|\theta\|^2 \leq \|\nabla \theta\|^2 \ (\forall \theta \in H_0^1(\Omega)), \qquad (3.1)$$

donde μ_1 es el primer valor propio del operador definido por $L: L^2(\Omega) \to L^2(\Omega)$

$$Lu = -\Delta u, D(L) = H_0^1(\Omega) \cap H^2(\Omega).$$

Reemplazar por $\upsilon\, u_m$ en (2.3) y tomando el producto interno de (2.5) con θ_m en el espacio $L^2(\Omega)$ para obtener

$$\frac{1}{2}\frac{d}{dt}\|u_m\|^2 + v\|\nabla u_m\|^2 + \alpha\|u_m\|_{\beta+1}^{\beta+1}$$
$$\leq \frac{\lambda_1 v}{2}\|u_m\|^2 + \frac{1}{2\lambda_1 v}\|\theta_m\|^2, \qquad (3.2)$$

$$\frac{1}{2}\frac{d}{dt}\|\theta_m\|^2 + \kappa\|\nabla \theta_m\|^2 \leq \frac{\mu_1 \kappa}{2}\|\theta_m\|^2 + \frac{1}{2\mu_1 \kappa}\|f_m\|^2, \qquad (3.3)$$

donde usamos $2(u_m \cdot \nabla \theta_m, \theta_m) = (u_m, \nabla \theta_m^2) = 0 \ldots$

Usando (3.1) y aplicando el lema de Gronwall a (3.3) se obtienen rendimientos

$$\|\theta_m(t)\|^2 \leq e^{-\mu_1 \kappa}\|\theta_{0m}\|^2 + \frac{1}{\mu_1 \kappa}\int_0^T \|f_m(t)\|^2 \, dt \leq C, \qquad (3.4)$$

para todos $t \in [0, T_m], m \geq 1$. Insertar (3.4) en (3.2), considerando $\lambda_1 \|u_m\|^2 \leq \|\nabla u_m\|^2$, y aplicando el lema de

Gronwall a los rendimientos de los resultados

$$\|u_m(t)\|^2 \leq e^{-\lambda_1 \nu}\|u_{0m}\|^2 + \frac{1}{\lambda_1 \nu}\int_0^T \|\theta_m(t)\|^2 \, dt \leq C. \quad (3.5)$$

(3.4) y (3.5) asegura $T_m = T$.

De (3.2)-(3.5), tenemos que está $\{u_m, \theta_m\}_{m\in\square}$ limitado

en

$$L^\infty(0,T;L_\sigma^2) \cap L^2(0,T;V) \cap L^{\beta+1}(0,T;(L^{\beta+1}(\Omega))^3) \times$$
$$L^\infty(0,T;L^2(\Omega)) \cap L^2(0,T;H_0^1(\Omega)).$$

Sustituir por $\upsilon \, Au_m$ en (2.3) implica

$$\frac{d}{dt}\|\nabla u_m\|^2 + \frac{\nu}{2}\|Au_m\|^2$$
$$\leq C + C\|\nabla u_m\|^{2(\beta+3)/(5-\beta)} + \frac{2}{\nu}\|\theta_m(t)\|^2 \quad (3.5)$$

(véase (4.8), capítulo 1). Como $\{\theta_m\}_{m\in\square}$ está limitado

en $C([0,T];L^2(\Omega))$, (3.5) implica que existe $T_1 \in (0,T]$

tal que

$$\left\|\nabla u_m(t)\right\|^2 + \int_0^{T'} \left\|Au_m(t)\right\|^2 dt \le C, \ \forall t \in [0,T'] \quad (3.6)$$

(véase (4.10) y (4.11), capítulo 1).

Sustituir por $\upsilon\, u_{mt}$ en (2.3) implica

$$\frac{\nu}{2}\frac{d}{dt}\left\|\nabla u_m\right\|^2 + \frac{\alpha}{\beta+1}\frac{d}{dt}\left\|u_m\right\|_{\beta+1}^{\beta+1} + \frac{1}{2}\left\|u_{mt}\right\|^2$$

$$\le C(\left\|\nabla u_m\right\|^6 + \left\|Au_m\right\|^2 + \left\|\theta_m(t)\right\|^2). \quad (3.6)$$

Integrar (3.6) sobre $[0,T']$ y usar (3.6) para obtener

$$\left\|\nabla u_m(t)\right\|^2 + \int_0^{T'}\left\|Au_m(t)\right\|^2 dt + \int_0^{T'}\left\|u_{mt}(t)\right\|^2 dt$$
$$\le C, \ \forall t \in [0,T']. \quad (3.7)$$

Por lo tanto, hay un momento en el $t_m \in (0,T')$ que

$$\left\|u_{mt}(t_m)\right\|^2 \le C. \quad (3.8)$$

De (4.19) en el capítulo 1 y (3.8), tenemos que

$$\left\|u_{mt}(t)\right\|^2 + \int_{t_m}^{t} \left\|\nabla u_{ms}(s)\right\|^2 ds$$

$$\leq C(\left\|u_{mt}(t_m)\right\|^2 + \int_{0}^{T} \left\|\theta_{mt}(t)\right\|^2 dt) \quad (3.9)$$

$$\leq C(1 + \int_{0}^{T} \left\|\theta_{mt}(t)\right\|^2 dt),$$

para cualquier $t_m \leq t \leq T$.

A continuación, tome el producto interno de (2.5) con $2\theta_{mt}$, $2\Delta\theta_m$ para obtener

$$\kappa \frac{d}{dt}\left\|\nabla\theta_m\right\|^2 + 2\left\|\theta_{mt}\right\|^2$$

$$= -2(u_m \cdot \nabla\theta_m, \theta_{mt}) + 2(f_m(t), \theta_{mt})$$

$$\leq \left\|\theta_{mt}\right\|^2 + 2\left\|u_m \cdot \nabla\theta_m\right\|^2 + 2\left\|f_m(t)\right\|^2, \quad (3.10)$$

$$\frac{d}{dt}\left\|\nabla\theta_m\right\|^2 + 2\kappa\left\|\Delta\theta_m\right\|^2$$

$$= 2(u_m \cdot \nabla\theta_m, \Delta\theta_m) - 2(f_m(t), \Delta\theta_m)$$

$$\leq \kappa\left\|\Delta\theta_m\right\|^2 + \frac{2}{\kappa}\left\|u_m \cdot \nabla\theta_m\right\|^2 + \frac{2}{\kappa}\left\|f_m(t)\right\|^2. \quad (3.11)$$

Suma (3.10) y (3.11) para obtener

$$(1+\kappa)\frac{d}{dt}\|\nabla\theta_m\|^2+\|\theta_{mt}\|^2+\kappa\|\Delta\theta_m\|^2$$
$$\leq 2(1+\frac{1}{\kappa})(\|u_m\cdot\nabla\theta_m\|^2+\|f_m(t)\|^2). \tag{3.12}$$

Dado que $\beta\geq 4$, usando Hölder's , las desigualdades de Gagliardo-Nirenberg y Young implican que

$$\|u_m\cdot\nabla\theta_m\|^2\leq\|u_m\|_{\beta+1}^2\|\nabla\theta_m\|_{2(\beta+1)/(\beta-1)}^2$$
$$\leq C\|u_m\|_{\beta+1}^2\|\theta_m\|_{H^2}^{6/(\beta+1)}\|\nabla\theta_m\|^{2(\beta-2)/(\beta+1)} \tag{3.13}$$
$$\leq\frac{\kappa^2}{4(1+\kappa)}\|\Delta\theta_m\|^2+C(1+\|u_m\|_{\beta+1}^{\beta+1})\|\nabla\theta_m\|^2.$$

Sustituyendo (3.13) por (3.12), tenemos

$$(1+\kappa)\frac{d}{dt}\|\nabla\theta_m\|^2+\|\theta_{mt}\|^2+\frac{\kappa}{2}\|\Delta\theta_m\|^2$$

$$\leq C((1+\|u_m\|_{\beta+1}^{\beta+1})\|\nabla\theta_m\|^2+\|f_m(t)\|^2). \tag{3.14}$$

Ya que y $\{u_m\}_{m\in\square}$, $\{\theta_{0m}\}_{m\in\square}$ $\{f_m\}_{m\in\square}$ están limitados en

$$L^{\beta+1}(0,T;(L^{\beta+1}(\Omega))^3), H_0^1(\Omega) \qquad y \qquad L^2(Q_T) \qquad ,$$

respectivamente, aplicar el lema de Gronwall a (3.14) implica

$$\sup_{0 \le t \le T} \left\| \nabla \theta_m(t) \right\|^2 + \int_0^T \left\| \theta_{mt}(t) \right\|^2 + \int_0^T \left\| \Delta \theta_m(t) \right\|^2 dt \le C. \quad (3.15)$$

Insertando (3.15) en (3.9) , tenemos

$$\left\| u_{mt}(t) \right\|^2 + \int_{t_m}^t \left\| \nabla u_{ms}(s) \right\|^2 ds \le C, t \in [T', T]. \quad (3.15)$$

Por lo tanto, deducimos

$$\left\| \nabla u_m(t) \right\|^2 \le C(\left\| \nabla u_m(t_m) \right\|^2 + \int_{t_m}^t \left\| \nabla u_{ms}(s) \right\|^2 ds) \le C \quad (3.16)$$

para cualquier $t \in [T', T]$.

La sustitución (3.16) y la integración de la sobreimpresión implica $[T', T]$

$$\left\| \nabla u_m(t) \right\|^2 + \int_{T'}^T \left\| A u_m(t) \right\|^2 dt \le C, \, t \in [T', T]. \quad (3.17)$$

Las estimaciones (3.7), (3.16) y (3.17) aseguran que

$$\sup_{0 \le t \le T} \left\| \nabla u_m(t) \right\|^2 + \int_0^T \left\| u_{mt}(t) \right\|^2 + \int_0^T \left\| \Delta u_m(t) \right\|^2 dt \le C. \quad (3.18)$$

(3.15) y (3.18) dan lugar a las soluciones

$\left\{ \left\{ u_m, \theta_m \right\} \right\}_{m \in \mathbb{N}}$ del problema (2.3)-(2.7) está delimitado

en

$$L^{\infty}(0,T;V)\cap L^{2}(0,T;D(A))\cap W^{1,2}(0,T;(L^{2}(\Omega))^{3})\times$$
$$L^{\infty}(0,T;H_{0}^{1}(\Omega))\cap L^{2}(0,T;H^{2}(\Omega))\cap W^{1,2}(0,T;L^{2}(\Omega)).$$

Por lo tanto, la solución débil $\{u,\theta\}$ que es una

limitación de una subsecuente de $\{\{u_{m},\theta_{m}\}\}_{m\in\mathbb{N}}$

pertenece al espacio y el Teorema 3.1 se demuestra en el caso de (i).

En segundo lugar, probar el Teorema 3.1 en el caso de (ii).

Supongamos que o $4>\beta>3,\alpha>0$ y $\beta=3,4\alpha v>1$ $u_{0}\in V$. También se supone que

$$\theta_{0}\in H_{0}^{1}(\Omega)\cap L^{6/(\beta-3)}(\Omega),\ f\in L^{2}(0,T;L^{6/(\beta-3)}(\Omega)).$$

Dejar $f_{m}\in C^{\infty}([0,T];C_{0}^{\infty}(\Omega))$ y converger $\theta_{0m}\in C_{0}^{\infty}(\Omega)$ a en f y $L^{2}(0,T;L^{6/(\beta-3)}(\Omega))$ en θ_{0} como $H_{0}^{1}(\Omega)\cap L^{6/(\beta-3)}(\Omega)$ $m\to\infty$, respectivamente.

Tomar el producto interno de (2.5) con en $r|\theta_{m}|^{r-2}\theta_{m}$

implica que $L^{2}(\Omega)$

$$\frac{d}{dt}\|\theta_m\|_r^r + \frac{4(r-1)\kappa}{r}\left\||\nabla|\theta_m|^{r/2}\right\|^2$$

$$= r(f,|\theta_m|^{r-2}\theta_m) \le r\|\theta_m\|_r^{r-1}\|f_m\|_r,$$

$$\frac{d}{dt}\|\theta_m\|_r \le \|f_m\|_r \quad (3.19)$$

Integrando (3.19) de 0 a T y poniendo el rendimiento $r=6/(\beta-2)$

$$\|\theta_m(t)\|_{6/(\beta-3)} \le \|\theta_{0m}\|_{6/(\beta-3)} + \int_0^T \|f_m(t)\|_{6/(\beta-3)}\,dt \quad (3.20)$$

$$\le C, \; t \in [0,T].$$

A partir de Hölder's , Gagliardo-Nirenberg y las desigualdades de Young, tenemos

$$\|u_m \cdot \nabla\theta_m\|^2 \le \|u_m\|_{\beta+1}^2 \|\nabla\theta_m\|_{2(\beta+1)/(\beta-1)}^2$$

$$\le C\|u_m\|_{\beta+1}^2 \|\theta_m\|_{H^2}^{2(\beta-1)/(\beta+1)} \|\theta_m\|_{6/(\beta-3)}^{4/(\beta+1)} \quad (3.21)$$

$$\le \frac{\kappa^2}{4(1+\kappa)}\|\Delta\theta_m\|^2 + C(1+\|u_m\|_{\beta+1}^{\beta+1})\|\theta_m\|_{6/(\beta-3)}^2.$$

Evaluando (3.12) con (3.20) y (3.21), tenemos

$$(1+\kappa)\frac{d}{dt}\|\nabla\theta_m\|^2 +\|\theta_{mt}\|^2 +\kappa\|\Delta\theta_m\|^2$$

$$\leq C((1+\|u_m\|^{\beta+1}_{\beta+1})\|\theta_m\|^2_{6/(\beta-3)} +\|f_m(t)\|^2)\ (3.22)$$

$$\leq C(1+\|u_m\|^{\beta+1}_{\beta+1} +\|f_m(t)\|^2).$$

Por lo tanto, de manera similar al caso (i), el Teorema

3.1 se prueba en el caso (ii). $\square$

A continuación, demostraremos la existencia de soluciones fuertemente continuas. El resultado se utilizará para demostrar la singularidad de la solución débil de Leray-Hopf a (1.1),(1.2).

Teorema 3.2. Supongamos que
$f \in W^{1,2}_{loc}(0,\infty;(L^2(\Omega))^3)\, ..,$
$u_0 \in D(A)$ y $\theta_0 \in H^2_0$. Supongamos que
$$\beta>3,\alpha>0 \quad \text{o} \quad \beta=3,\alpha v \geq 1/4.$$

Entonces la solución semidébil $\{u,\theta\}$ de (1.1), (1.2)

satisface
$$u \in W^{1,\infty}_{loc}(0,\infty;L^2_\sigma)\cap W^{1,2}_{loc}(0,\infty;V),$$
$$\theta \in W^{1,2}_{loc}(0,\infty;L^2(\Omega))\cap W^{1,2}_{loc}(0,\infty;H^1_0(\Omega)).$$

Aquí H_0^2 está el cierre de in $C_0^\infty(\Omega)$ $H^2(\Omega)$.

Prueba. También se utiliza la aproximación de Galerkin. Arreglar $T > 0$.

Dejar $f_m \in C^\infty([0,T]; C_0^\infty(\Omega))$ y converger $\theta_{0m} \in C_0^\infty(\Omega)$ a en f y $W^{1,2}(0,T;(L^2(\Omega))^3)$ en θ_0 como $H^2(\Omega)$ $m \to \infty$, respectivamente. Entonces tenemos que

$\{u_{0m}\}_{m=1}^\infty$ y $\{u_{mt}(0)\}_{m=1}^\infty$ están delimitados en $(L^\infty(\Omega))^3$ y

$\cap(H^2(\Omega))^3$ $(L^2(\Omega))^3$ desde el segundo. 4 en el capítulo

1.

Por lo tanto, podemos usar (3.9) con $t_m = 0$ para obtener

$$\|u_{mt}(t)\|^2 \le C(\|u_{mt}(0)\|^2 + \int_0^T \|\theta_{mt}(t)\|^2 \, dt) \le C, (3.22)$$

para cualquier $m \in \Box$, $t \in [0,T]$, Similar a (4.24) en el

Capítulo 1, tenemos

$$\left\| u_{mt}(t) \right\|^2 + \int_0^t \left\| \nabla u_{ms}(s) \right\|^2 ds$$

$$\leq C(1 + \int_0^t \left\| \theta_{m\tau}(\tau) \right\|^2 d\tau). \tag{3.23}$$

Por otro lado, deducimos que

$$\left\| \theta_{mt}(0) \right\|^2 \leq C(\left\| u_{0m} \cdot \nabla \theta_{0m} \right\|^2 + \left\| \Delta \theta_{0m} \right\|^2 + \left\| f_m \right\|^2)$$

$$\leq C(1 + \left\| \nabla u_{0m} \right\|^4 + \left\| \theta_{0m} \right\|_{H^2}^4 + \left\| f_m(0) \right\|^2) \tag{3.24}$$

$$\leq C$$

a partir de (2.5) y la delimitación de

$$\left\| \nabla u_{0m} \right\|^4 + \left\| \theta_{0m} \right\|_{H^2}^4 + \left\| f_m(0) \right\|^2, m \in \square .$$

Además, tomar el producto interno de (2.5) con en $3|\theta_m|\theta_m \, L^2(\Omega)$ y usando la desigualdad de Sobolev y Young implica

$$\frac{d}{dt}\left\| \theta_m \right\|_3^3 + \frac{8\kappa}{3}\left\| \nabla |\theta_m|^{3/2} \right\|^2 = 3(f_m, |\theta_m|\theta_m)$$

$$\leq 3\left\| f_m \right\|\left\| \theta_m^2 \right\| \leq C\left\| f_m \right\|\left\| \nabla |\theta_m|^{3/2} \right\|^{4/3}$$

$$\leq \frac{4\kappa}{3}\left\| \nabla |\theta_m|^{3/2} \right\|^2 + C\left\| f_m \right\|^3.$$

Integrar esto implica que para cualquier y $t \in [0,T]$

$m \in \square$,

$$\|\theta_m(t)\|_3^3 \leq \|\theta_{0m}\|_3^3 + C\int_0^T \|f_m(t)\|^3 \, dt \leq C. \quad (3.25)$$

Diferenciar (2.5) con respecto a t y tomar

producto interno de la ecuación resultante con en θ_{mt}

$L^2(\Omega)$ entonces obtenemos

$$\frac{1}{2}\frac{d}{dt}\|\theta_{mt}\|^2 + \kappa\|\nabla\theta_{mt}\|^2$$

$$= -((u_m \cdot \nabla\theta_m)_t, \theta_{mt}) + (f_{mt}, \theta_{mt})$$

$$= -((u_{mt} \cdot \nabla\theta_m, \theta_{mt}) + (f_{mt}, \theta_{mt})$$

$$= -((u_{mt} \cdot \nabla\theta_{mt}, \theta_m) + (f_{mt}, \theta_{mt})$$

$$\leq \frac{\kappa}{2}\|\nabla\theta_{mt}\|^2 + \|\theta_{mt}\|^2 + \|f_{mt}\|^2 + C\|\theta_m u_{mt}\|^2,$$

$$\leq \frac{\kappa}{2}\|\nabla\theta_{mt}\|^2 + \|\theta_{mt}\|^2 + \|f_{mt}\|^2$$

$$+ C\|\theta_m\|_3^2 \|\nabla u_{mt}\|^2.$$

Combinando esto y (3.25) se obtienen los siguientes

resultados

$$\frac{1}{2}\frac{d}{dt}\|\theta_{mt}\|^2 + \frac{\kappa}{2}\|\nabla\theta_{mt}\|^2$$
$$\leq \|\theta_{mt}\|^2 + \|f_{mt}\|^2 + C\|\nabla u_{mt}\|^2. \tag{3.26}$$

Aplicando el lema de Gronwall a (3.26), tenemos

$$\|\theta_{mt}(t)\|^2 + \int_0^t \|\nabla\theta_{mt}\|^2$$
$$\leq C(\|\theta_{mt}(0)\|^2 + \int_0^t \|f_{mt}(t)\|^2 + \int_0^t \|\nabla u_{ms}\|^2\,ds. \tag{3.27}$$

Combinando (3.23) ,(3.24) y (3.27), obtenemos

$$\int_0^t \|\nabla u_{ms}(s)\|^2\,ds \leq C(1 + \int_0^t d\tau \int_0^\tau \|\nabla u_{ms}\|^2\,ds). \tag{3.28}$$

Aplicando el lema de Gronwall a (3.28), tenemos

$$\int_0^t \|\nabla u_{ms}(s)\|^2\,ds \leq C,\, t \in [0,T]. \tag{3.29}$$

Así, (3.27) y (3.29) implican

$$\|\theta_{mt}(t)\|^2 + \int_0^t \|\nabla\theta_{mt}\|^2 \leq C, t \in [0,T] \tag{3.30}$$

y (3.23) y (3.30) implican

$$\|u_{mt}(t)\|^2 + \int_0^t \|\nabla u_{ms}(s)\|^2\,ds \leq C,\, t \in [0,T]. \tag{3.31}$$

A partir de (3.30) y (3.31), sabemos que $\{u_m, \theta_m\}_{m\in\mathbb{N}}$

está limitado en

$$W^{1,\infty}(0,T;L^2_\sigma) \cap W^{1,2}(0,T;V) \times$$
$$W^{1,\infty}(0,T;L^2(\Omega)) \cap W^{1,2}(0,T;H^1_0(\Omega)).$$

Por lo tanto, la prueba del Teorema está terminada. $\square$

4. La singularidad de las soluciones débiles

En esta sección demostraremos la singularidad de

ciertas soluciones débiles de (1.1).

Arreglar $T > 0$.

Lema 4.1. Supongamos que $f \in L^2(Q_T)$, y $u_0 \in L^2_\sigma$
$\theta_0 \in L^2(\Omega)$. Supongamos que

$$\beta > 3, \alpha > 0 \quad \text{o} \quad \beta = 3, \alpha v > 1/4.$$

Supongamos que $f \in L^2_{loc}(0,\infty;(L^2(\Omega))^3)$, $u_0 \in L^2_\sigma$. Sea

u una solución débil de Leray-Hopf de (1.1) en el capí

tulo 1 y υ sea una solución débil fuertemente continua

de (1.1) con datos iniciales $\upsilon(0) = \upsilon_0$ y fuerza externa en

lugar de (1.1 $g \in L^2_{loc}(0,\infty;(L^2(\Omega))^3)$ f) en el capítulo 1.

Entonces para cualquier $T > 0$, hay una constante
independiente de $C > 0$ y u υ tal que

$$\|u(t) - \upsilon(t)\|^2 + \int_0^t \|\nabla(u(\tau) - \upsilon(\tau))\|^2 d\tau$$

$$\leq C(\|u_0 - \upsilon_0\|^2 + \int_0^t \|f(\tau) - g(\tau)\|^2 d\tau), t \in [0,T]. \tag{4.1}$$

La prueba de Lema 4.1 es similar a la prueba de Lema

5.2 en el Capítulo 1 y sólo difiere de elegir $0 < \varepsilon < 1$ en

(5.15) en el Capítulo 1 ya que $\beta = 3$,

$\alpha v > 1/4$.

Teorema 4.1. Supongamos que $f \in L^2(Q_T)$, y
$u_0 \in L^2_\sigma$ $\theta_0 \in L^2(\Omega)$. Supongamos que

$$\beta > 3, \alpha > 0 \quad \text{o} \quad \beta = 3, \ \alpha v \geq 1/4.$$

Entonces las soluciones débiles $\{u,\theta\}$ de (1.1), (1.2)

que satisfacen la desigualdad energética

$$\frac{1}{2}\|u(t)\|^2 + v\int_0^t \|\nabla u(\tau)\|^2 \, d\tau + \alpha \int_0^t \|u(\tau)\|_{\beta+1}^{\beta+1} \, d\tau$$

$$\leq \frac{1}{2}\|u_0\|^2 + \int_0^t (\theta(\tau)e_3, u(\tau)) d\tau, \quad a.e. \ t \in (0,T) \tag{4.2}$$

y $\theta \in L^\infty(0,T;L^3(\Omega))$ son únicos y pertenecen a

$C([0,T];L_\sigma^2 \times L^2(\Omega))$ despu é s de una redefinici ó n

correspondiente.

Prueba. Deje que $\{u^{(1)},\theta^{(1)}\}$ $\{u^{(2)},\theta^{(2)}\}$ las soluciones

débiles satisfagan

$$\frac{1}{2}\|u^{(i)}(t)\|^2 + v\int_0^t \|\nabla u^{(i)}(\tau)\|^2 \, d\tau + \alpha \int_0^t \|u^{(i)}(\tau)\|_{\beta+1}^{\beta+1} \, d\tau$$

$$\leq \frac{1}{2}\|u_0\|^2 + \int_0^t (\theta^{(i)}(\tau)e_3, u^{(i)}(\tau))d\tau, \quad a.e.\ t \in (0,T)(i=1,2)$$

y $\theta^{(i)} \in L^\infty(0,T;L^3(\Omega))(i=1,2)$.

Elija y $\{u_{0m}, \theta_{0m}\} \in D(A) \times H_0^2$

$f_m \in W^{1,2}(0,T;L^2(\Omega))$ para que y $\{u_{0m}, \theta_{0m}\} \to \{u_0, \theta_0\}$

como $f_m \to f$ en $m \to \infty$ y $L_\sigma^2 \times L^2(\Omega)\ L^2(Q_T)$, respectivamente. Luego del Teorema 3.2, existe una

solución fuertemente continua $\{u_m, \theta_m\}$ de (1.1), (1.2)

en la cual y $\{u_0, \theta_0\}\ f$ son reemplazados por y $\{u_{0m}, \theta_{0m}\}\ f_m$, respectivamente. Entonces a partir de Lema 4.1, hay una constante independiente de $C_1 > 0$ u_m tal que

$$\left\|u^{(i)}(t) - u_m(t)\right\|^2 + \int_0^t \left\|\nabla(u^{(i)}(\tau) - u_m(\tau))\right\|^2 d\tau$$
$$\leq C_1\left(\left\|u_0 - u_{0m}\right\|^2 + \int_0^t \left\|\theta_m(\tau) - \theta^{(i)}(\tau)\right\|^2 d\tau\right). \tag{4.3}$$

Recuerde que la solución débil satisface $\theta^{(i)}$

$$\int_0^T \left\| \theta^{(i)}(t) u^{(i)}(t) \right\|^2 dt \leq \int_0^T \left\| \theta^{(i)}(t) \right\|_3^2 \left\| u^{(i)}(t) \right\|_6^2 dt$$

$$\leq C \left\| \theta^{(i)} \right\|_{L^\infty(0,T;L^3(\Omega))}^2 \int_0^T \left\| \nabla u^{(i)}(t) \right\|^2 dt \leq +\infty$$

y

$$\left| (u^{(i)} \cdot \nabla \theta^{(i)}, \varphi) \right| = \left| (u^{(i)} \cdot \nabla \varphi, \theta^{(i)}) \right|$$

$$\leq \left\| \theta^{(i)} u^{(i)} \right\| \left\| \nabla \varphi \right\|, \quad \forall \varphi \in H_0^1(\Omega).$$

Por lo tanto, se deduce que y $\theta^{(i)} \in L^2(0,T;H_0^1(\Omega))$

$\theta_t^{(i)} \in L^2(0,T;H^{-1}(\Omega))$. Así, poniendo y $u = u^{(i)} - u_m$

$\theta = \theta^{(i)} - \theta_m$, tenemos

$$\begin{aligned}
\frac{1}{2}\frac{d}{dt}\|\theta\|^2 + \kappa \|\nabla\theta\|^2 \\
= -(u^{(i)} \cdot \nabla\theta^{(i)} - u_m \cdot \nabla\theta_m, \theta) + (f - f_m, \theta) \\
= -(u \cdot \nabla\theta^{(i)}, \theta) + (f - f_m, \theta) \\
= (u \cdot \nabla\theta, \theta^{(i)}) + +(f - f_m, \theta) \\
\leq \frac{\kappa}{2}\|\nabla\theta\|^2 + C\|\theta^{(i)}\|_3^2 \|\nabla u\|^2 \\
+ C\|f - f_m\|^2, \quad a.e.\, t \in (0,T).
\end{aligned} \qquad (4.4)$$

Desde la $\theta^{(1)} \in L^\infty(0,T;L^3(\Omega))$ integración (4.4),

tenemos

$$\left\|\theta^{(i)}(t)-\theta_m(t)\right\|^2+\kappa\int_0^t\left\|\nabla(\theta^{(i)}-\theta_m)(\tau)\right\|^2 d\tau$$

$$\leq\left\|\theta_0-\theta_{0m}\right\|^2+C_2\int_0^t\left\|\nabla(u^{(i)}-u_m)(\tau)\right\|^2 d\tau\ (4.5)$$

$$+\int_0^t\left\|(f-f_m)(\tau)\right\|^2 d\tau),\quad a.e.\,t\in(0,T).$$

Multiplica (4.3) por C_2 y suma la desigualdad
resultante y (4.5) para obtener

$$\left\|u^{(i)}(t)-u_m(t)\right\|^2+\left\|\theta^{(i)}(t)-\theta_m(t)\right\|^2$$

$$\leq C(\left\|\theta_0-\theta_{0m}\right\|^2+\int_0^t\left\|\theta_m(\tau)-\theta^{(i)}(\tau)\right\|^2 d\tau$$

$$+\left\|u_0-u_{0m}\right\|^2+\int_0^t\left\|(f-f_m)(\tau)\right\|^2 d\tau).\ \ (4.6)$$

Aplicando el lema de Gronwall a (4.6) rendimientos

$$\left\|u^{(i)}(t)-u_m(t)\right\|^2+\left\|\theta^{(i)}(t)-\theta_m(t)\right\|^2$$

$$\leq C(\left\|\theta_0-\theta_{0m}\right\|^2+\left\|u_0-u_{0m}\right\|^2 \qquad (4.7)$$

$$+\int_0^t\left\|(f-f_m)(\tau)\right\|^2 d\tau),a.e.\,t\in(0,T).$$

Dejar entrar $m \to \infty$ (4.7) implica que

$$\left\{u^{(1)}, \theta^{(1)}\right\} = \left\{u^{(2)}, \theta^{(2)}\right\} \in C([0,T]; L_\sigma^2 \times L^2(\Omega)).$$

después de una redefinición correspondiente.

Así se demuestra el Teorema 4.1. $\square$

5.   Soluciones de tiempo-periódico

En esta sección se encuentran las condiciones de los

parámetros para garantizar la existencia y estabilidad de

la solución periódica.

Teorema 5.1. Asumir y $f \in W_{loc}^{1,2}(0, \infty; L^2(\Omega))$
$f(x,t) = f(x, t+T)(t \geq 0)$. Si $5 > \beta > 3, \alpha > 0$ o $\beta = 3$,
$\alpha v > 1/4$ hay una solución fuerte y periódica
$\left\{u_T, \theta_T\right\}$ de (1.1),(1.3) con el periodo T.

Prueba. Sean las $\omega_1, \omega_2, \cdots, \omega_k, \cdots$ funciones propias
correspondientes   a   los   valores   propios
$\lambda_1 < \lambda_2 \leq \cdots \leq \lambda_k \cdots$ del operador de Stokes y una base

orto-normal completa de L^2_σ. Sea W_m el espacio abarcado por y $\{\omega_1,\omega_2,\cdots,\omega_m\}$ P_m sea el proyector ortogonal en L^2_σ W_m. Y $\varphi_1,\varphi_2,\cdots,\varphi_k,\cdots$ ser funciones propias correspondientes a los valores propios

$\mu_1 < \mu_2 \le \cdots \le \mu_k \cdots$ del operador L en la sección 3 y una

base orto-normal completa de $L^2(\Omega)$. Sea Y_m el espacio abarcado por y $\{\varphi_1,\varphi_2,\cdots,\varphi_m\}$ Q_m sea el proyector ortogonal en $L^2(\Omega)$ Y_m

Para $m \ge 1$, considere las funciones

$$u_m(x,t) = \sum_{k=1}^{m} g_{mk}(t)\omega_k(x), \theta_m(x,t) = \sum_{k=1}^{m} c_{mk}(t)\varphi_k(x)$$

satisfaciendo el siguiente sistema de ecuaciones diferenciales ordinarias:

$$(u_{mt},\upsilon) + ((u_m(t)\cdot\nabla)u_m(t),\upsilon)$$
$$-\nu(\Delta u_m(t),\upsilon) + \alpha(|u_m(t)|^{\beta-1}u_m(t),\upsilon) \quad (5,1)$$
$$= (\theta_m(t)e_3,\upsilon), \forall\, \upsilon \in W_m, t > 0,$$

$$u_m(x,0) = u_{0m}(x) = \sum_{k=1}^{m} a_k\omega_k(x), \quad (5.2)$$

$$(\theta_{mt},\varphi) + (u_m(t)\cdot\nabla\theta_m(t),\varphi)$$
$$= \kappa(\Delta u_m(t),\upsilon) + (f(t),\varphi), \forall\, \varphi \in Y_m, t > 0, \quad (5.3)$$

$$\theta_m(x,0) = \theta_{0m}(x) = \sum_{k=1}^{m} b_k \varphi_k(x). \qquad (5.4)$$

De manera similar a (3.4) y (3.5), tenemos algunas estimaciones

$$\left\|\theta_m(T)\right\|^2 \le e^{-\mu_1 \kappa T}\left\|\theta_{0m}\right\|^2 + \frac{1}{\mu_1 \kappa}\int_0^T \left\|f(t)\right\|^2 dt, \qquad (5.5)$$

$$\left\|u_m(T)\right\|^2 \le e^{-\lambda_1 \nu T}\left\|u_{0m}\right\|^2 + \frac{1}{\lambda_1 \nu}\int_0^T \left\|\theta_m(t)\right\|^2 dt$$

$$\le e^{-\lambda_1 \nu T}\left\|u_{0m}\right\|^2 + \frac{1-e^{-\lambda_1 \nu T}}{\lambda_1 \nu \mu_1 \kappa}\left\|\theta_{0m}\right\|^2 \qquad (5.6)$$

$$+ \frac{T}{\lambda_1 \nu \mu_1 \kappa}\int_0^T \left\|f(t)\right\|^2 dt.$$

Elija

$$K_2 := (1-e^{-\mu_1 \kappa T})^{-1}\frac{1}{\mu_1 \kappa}\int_0^T \left\|f(t)\right\|^2 dt,$$

$$K_1 := (1-e^{-\lambda_1 \nu T})^{-1}(\frac{1-e^{-\mu_1 \kappa T}}{\lambda_1 \nu \mu_1 \kappa}K_2 + \frac{1}{\lambda_1 \nu \mu_1 \kappa}\int_0^T \left\|f(t)\right\|^2 dt).$$

Entonces, de (5.5) y (5.6), se deduce que

$$\left\|u_m(T)\right\|^2 \le K_1, \left\|\theta_m(T)\right\|^2 \le K_2$$

si y $\left\|u_{0m}\right\|^2 \le K_1 \left\|\theta_{0m}\right\|^2 \le K_2$. Así que, el mapeo

$$S(\{a,b\}) := \{g(T), h(T)\}$$

satisface $SU \subset U$, donde

$$a = (a_1, a_2, \cdots, a_m), b = (b_1, b_2, \cdots, b_m),$$
$$g(T) = (g_{m1}(T), g_{m2}(T), \cdots, g_{mm}(T)),$$
$$h(T) = (h_{m1}(T), h_{m2}(T), \cdots, h_{mm}(T)),$$
$$U := \left\{ \{a,b\} \in \square^{2m} : |a| \leq K_1, |b| \leq K_2 \right\}.$$

Es obvio que U es un subconjunto convexo compacto de $\square^{2m}$. Del hecho de que las soluciones de las ecuaciones diferenciales ordinarias dependen continuamente de los datos iniciales, conocemos la continuidad de $S : U \to U$. Por lo tanto, el teorema del punto fijo de Brouwer asegura que existe un punto fijo del mapeo en $S\,U$.

Por lo tanto, existe un punto tal $\{u_{0m}, \theta_{0m}\} \in U$ que

$$\{u_m(T), \theta_m(T)\} = \{u_{0m}, \theta_{0m}\}.$$

Se trata de $\{u, \theta\}$ una limitación del método estándar de Galerkin. Entonces $\{u_m, \theta_m\}$ $\{u, \theta\}$ es una solución débil de (1.1) y $\{u(x,T), \theta(x,T)\} = \{u_0(x), \theta_0(x)\}$ por el argumento anterior.

Finalmente, ya que

$$\{u, \theta\} \in C((0,T]; V) \times C((0,T]; H_0^1(\Omega))$$

por Teorema 3.1. y

$$\{u_0,\theta_0\} = \{u(T),\theta(T)\} \in V \times H_0^1(\Omega),$$

podemos saber que la $T-$solución débil periódica es una solución fuerte. Además, de la singularidad de la solución fuerte, se deduce que

$$\{u(x,t),\theta(x,t)\} = \{u(x,t+T),\theta(x,t+T)\}, t \geq 0.$$

Esto completa la prueba del Teorema 5.1. $\qquad\square$

Teorema 5.2. Supongamos que

$$f \in W_{loc}^{1,2}(0,\infty;L^2(\Omega)) \cap L_{loc}^4(0,\infty;L^4(\Omega)),$$
$$f(x,t) = f(x,t+T)(t \geq 0),$$
$$5 > \beta > 3, \alpha > 0 \text{ o } \beta = 3, \alpha\nu > 1/4,$$

y

$$2\nu > \frac{1}{\lambda_1\mu_1\kappa} + \frac{(\beta-1)^{1/(\beta-2)} + \beta - 3}{\lambda_1^{(\beta-3)/(2\beta-4)}\alpha^{1/(\beta-2)}(\beta-1)^{2/(\beta-2)}}$$
$$+ \frac{c}{\kappa}\left(\frac{e^{3\mu_1\kappa T/2}}{e^{3\mu_1\kappa T/2}-1}\right)\left(\frac{2}{\mu_1\kappa}\right)^{3/2}\left(\int_0^T \|f(t)\|_4^4\, dt\right)^{1/2}. \qquad (5.7)$$

Entonces la solución T-periódica de (1.1) es única y todas las soluciones débiles de (1.1), (1.2) tienden a la solución periódica como $t \to \infty$, exponencialmente, donde λ_1 está el primer valor propio del operador de

Stokes, μ_1 es el primer valor propio del operador L (definido en la pp. 82) y c es una constante que satisface

$$(\forall w \in H^1(\Omega)).\ \|w\|_4^2 \le c\|\nabla w\|^2$$

Prueba. Sea $\{u,\theta\}$ una solución débil de (1.1),(1.2) y $\{u_T,\theta_T\}$ sea una T solución periódica de (1.1). Denota y $w := u - u_T \ \omega := \theta - \theta_T$. Entonces, tenemos

$$\frac{d}{dt}\omega - \kappa\Delta\omega = -u\cdot\nabla\theta + u_T\cdot\nabla\theta_T. \quad (5.8)$$

Recordemos que las soluciones débiles de (1.1),(1.2) son soluciones fuertes para $t > 0$. Multiplicando (5.8) por $\omega(t)$ e integrando la ecuación resultante en Ω, obtenemos

$$\begin{aligned}
\frac{1}{2}\frac{d}{dt}\|\omega\|^2 &+ \kappa\|\nabla\omega\|^2 \\
&= -(u\cdot\nabla\theta - u_T\cdot\nabla\theta_T,\omega) \\
&= -(w\cdot\nabla\theta_T,\omega) - (u\cdot\nabla\omega,\omega) \\
&= -(w\cdot\nabla\theta_T,\omega) = (w\cdot\nabla\omega,\theta_T) \quad (5.9) \\
&\le \frac{\kappa}{2}\|\nabla\omega\|^2 + \frac{1}{2\kappa}\|\theta_T\|_4^2\|w\|_4^2 \\
&\le \frac{\kappa}{2}\|\nabla\omega\|^2 + \frac{c}{2\kappa}\|\theta_T\|_4^2\|\nabla w\|^2.
\end{aligned}$$

El uso de $\mu_1\|\omega\|^2 \le \|\nabla\omega\|^2$, (5.9) implica

$$\frac{d}{dt}\|\omega\|^2 + \kappa\mu_1\|\omega\|^2 \le \frac{c}{\kappa}\|\theta_T\|_4^2\|\nabla w\|^2. \quad (5.10)$$

Por otro lado, tenemos

$$\frac{d}{dt}\|w\|^2 + 2\nu\|\nabla w\|^2$$
$$\le -\alpha\int_\Omega (|u|^{\beta-1} + |u_T|^{\beta-1})|w|^2\,dx$$
$$+ \frac{1}{2\varepsilon_1}\int_\Omega (|u|^2 + |u_T|^2)|w|^2\,dx + \varepsilon_1\|\nabla w\|^2$$
$$+ \frac{1}{\varepsilon_2}\|\omega\|^2 + \varepsilon_2\|w\|^2, \quad (5.11)$$

para cualquier $\varepsilon_1, \varepsilon_2 > 0$ y cualquier $t > 0$.

Si y $\beta > 3\,\alpha > 0$, podemos saber que

$$-\alpha(|u|^{\beta-1} + |u_T|^{\beta-1}) + \frac{1}{2\varepsilon_1}(|u|^2 + |u_T|^2)$$
$$\le (\beta-3)(\varepsilon_1(\beta-1))^{(1-\beta)/(\beta-3)}\alpha^{-2/(\beta-3)} := \delta. \quad (5.12)$$

A partir de (5.11) y (5.12), obtenemos

$$\frac{d}{dt}\|w\|^2 + 2\nu\|\nabla w\|^2$$
$$\le \varepsilon_1\|\nabla w\|^2 + \frac{1}{\varepsilon_2}\|\omega\|^2 + (\varepsilon_2 + \delta)\|w\|^2. \quad (5.13)$$

Añadir (4.7) a (4.10) y utilizar $\lambda_1 \|w\|^2 \leq \|\nabla w\|^2$ para obtener

$$\frac{d}{dt}\|w\|^2 + \frac{d}{dt}\|\omega\|^2 \leq (\frac{1}{\varepsilon_2} - \mu_1\kappa)\|\omega\|^2$$

$$+ (\varepsilon_2 + \delta - \lambda_1(2\nu - \varepsilon_1 - \frac{c}{\kappa}\|\theta_T\|_4^2))\|w\|^2 . (5.14)$$

Así, una condición para la estabilidad es

$$\lambda_1(2\nu - \varepsilon_1 - \frac{c}{\kappa}\|\theta_T\|_4^2) - \delta > \varepsilon_2 > \frac{1}{\kappa\mu_1},$$

eso es,

$$2\nu > \varepsilon_1 + \frac{1}{\lambda_1\kappa\mu_1} + \frac{c}{\kappa}\|\theta_T\|_4^2$$

$$+ (\lambda_1)^{-1}(\beta - 3)(\varepsilon_1(\beta - 1))^{(1-\beta)/(\beta-3)}\alpha^{-2/(\beta-3)}.$$

Considere la función

$$h(x) := x + (\lambda_1)^{-1}(\beta - 3)(x(\beta - 1))^{(1-\beta)/(\beta-3)}\alpha^{-2/(\beta-3)}.$$

El mínimo de la función $h(x)$ en alcanza $x > 0$ a

$$x_0 = (\lambda_1)^{(3-\beta)/(2\beta-4)}(\alpha(\beta - 1))^{-2/(2\beta-4)}$$

y

$$h(x_0) = (\lambda_1)^{(3-\beta)/(2\beta-4)}(\alpha(\beta - 1))^{-2/(2\beta-4)}$$

$$+ (\beta - 3)\alpha^{-1/(\beta-2)}(\beta - 1)^{(1-\beta)/(\beta-2)}.$$

Por lo tanto, tenemos la condición

$$2v > \frac{1}{\lambda_1 \kappa \mu_1} + \frac{c}{\kappa}\|\theta_T\|_4^2$$
$$+ (\lambda_1)^{(3-\beta)/(2\beta-4)}(\alpha(\beta-1))^{-1/(\beta-2)}$$
$$\times (1 + (\beta-3)(\beta-1)^{-1/(\beta-2)}) \tag{5.15}$$

para la estabilidad.

Supongamos que y $\beta = 3$ $\alpha v > 1/4$. Escogiendo y $\varepsilon_1 = 1/(2\alpha)$ $\delta = 0$, a partir de (5.13), obtenemos

$$\frac{d}{dt}\|w\|^2 + 2v\|\nabla w\|^2$$
$$\leq \frac{1}{2\alpha}\|\nabla w\|^2 + \frac{1}{\varepsilon_2}\|\omega\|^2 + \varepsilon_2\|w\|^2, t > 0, \tag{5.16}$$

Añadir (5.10) a (5.16) implica

$$\frac{d}{dt}\|w\|^2 + \frac{d}{dt}\|\omega\|^2 \leq (\frac{1}{\varepsilon_2} - \mu_1\kappa)\|\omega\|^2$$
$$+ (\varepsilon_2 - \lambda_1(2v - \varepsilon_1 - \frac{c}{\kappa}\|\theta_T\|_4^2))\|w\|^2 .$$

Por lo tanto, tenemos una condición

$$2v > \frac{1}{\lambda_1 \kappa \mu_1} + \frac{1}{2\alpha} + \frac{c}{\kappa}\|\theta_T\|_4^2 . \tag{5.17}$$

Esto es lo mismo que (5.15) cuando $\beta = 3$.

Por último, estimar $\| \theta_T \|_4^2$. Desde (3.19), tenemos

$$\frac{d}{dt}\|\theta_T\|_4^4 + 3\kappa\left\|\nabla\theta_T^2\right\|^2$$

$$= 4(f,\theta_T^3) \le 4\|\theta_T\|_4^3\|f\|_4$$

$$\le \frac{3\mu_1\kappa}{2}\|\theta_T\|_4^4 + (\frac{2}{\mu_1\kappa})^3\|f(t)\|_4^4.$$

Por lo tanto, deducimos

$$\frac{d}{dt}\|\theta_T\|_4^4 + \frac{3\mu_1\kappa}{2}\|\theta_T\|_4^4 \le (\frac{2}{\mu_1\kappa})^3\|f(t)\|_4^4,$$

y por el lema de Gronwall, tenemos

$$\|\theta_T(t)\|_4^4 \le e^{-3\mu_1\kappa t/2}(\|\theta_{T0}\|_4^4 + (\frac{2}{\mu_1\kappa})^3\int_0^T e^{3\mu_1\kappa t/2}\|f(t)\|_4^4\,dt),$$

$$\|\theta_{T0}\|_4^4 = \|\theta_T(T)\|_4^4$$

$$\le e^{-3\mu_1\kappa T/2}(\|\theta_{T0}\|_4^4 + (\frac{2}{\mu_1\kappa})^3\int_0^T e^{3\mu_1\kappa t/2}\|f(t)\|_4^4\,dt),$$

$$\|\theta_{T0}\|_4^4 \le (1 - e^{-3\mu_1\kappa T/2})^{-1}e^{-3\mu_1\kappa T/2}$$

$$\times(\frac{2}{\mu_1\kappa})^3\int_0^T e^{3\mu_1\kappa t/2}\|f(t)\|_4^4\,dt),$$

$$\|\theta_T(t)\|_4^4 \le \frac{e^{3\mu_1\kappa T/2}}{e^{3\mu_1\kappa T/2}-1}(\frac{2}{\mu_1\kappa})^3\int_0^T\|f(t)\|_4^4\,dt. \quad (5.18)$$

Sustituyendo (5.18) por (5.15) y (5.17), tenemos la

condición (5.7) para la unicidad de la solución periódica y la estabilidad global. Es decir, si se cumple la condición (5.7), hay una constante positiva $\gamma > 0$ tal que

$$\begin{aligned}
&\| u(t) - u_T(t) \|^2 + \| \theta(t) - \theta_T(t) \|^2 \\
&\leq e^{-\gamma(t-s)} (\| u(s) - u_T(s) \|^2 + \| \theta(s) - \theta_T(s) \|^2)
\end{aligned} \tag{5.19}$$

para cualquier $t \geq s > 0$.

La desigualdad (5.19) concluye el teorema 5.1. $\square$

Referencias
=========

S.N. Antontsev, H.B. de Olibeira, The Navier...
Problema de Stokes modificado por un término de absorción,
Matemáticas Aplicadas. 89(12)(2010)1805-1825.

S.N. Antontsev, H.B. de Oliveira, el Oberbeck...
El problema de Boussinesq modificado por un termo...
término de absorción, J. Math. Anal. Aplicacion 379 (2011)
802-817.

3] J.W. Barret, W.B. Liu, Elementos finitos aproximados...
de la p-Laplaciana parabólica, SIAM J. Numer. Anal. 31 (2) (1994) 413–428.

4] H. Beirão da Vega, Sobre las soluciones temporales de las ecuaciones de Navier-Stokes en un dominio cilíndrico sin límites. El problema de Leray para los flujos periódicos, Arch. Ración. Mech. Anal. 178(3) (2005) 301-325.

5] L. Berselli, L. Bisconti, On the structural stability of

the Euler-Voigt and Navier-Stokes-Voigt models, Nonlnear Analysis 75(2012) 117-130.

6] X. Cai, Q. Jiu, Soluciones débiles y fuertes para las incompresibles ecuaciones de Navier-Stokes con amortiguación, J. Math. Anal. Aplicacion 343(2008) 799-809.

7] J.R. Cannon, E. DiBenedetto, The initial value problem for the Boussinesq equations with data in L^p, in: Lecture Notes in Math, vol. 771, Springer, Berlín, 1980, 129-144.

[8] G. Da Prato, A. Debussche, Ecuaciones 2D de Navier-Stokes estocásticas con un término de forzamiento periódico, J. Dynam. Ecuaciones diferenciales 20 (2) (2008) 301-335.

9] J.I. Díaz, G. Galiano, Existencia y singularidad de las soluciones del sistema Boussinesq con difusión térmica no lineal, Topol. Métodos Analógicos no lineales. 11 (1) (1998) 59-82.

[10] E. DiBenedetto, Ecuaciones parabólicas degeneradas,
Springer-Verlag, Nueva York, 1993.

[11] L. Diening, P. Harjulehto, P. Hästö, M. M. Růžička, Espacios de Lebesgue y Sobolev con Exponentes variables, primera edición, en: Serie: Conferencia Notas en Matemáticas, vol. 2017, Springer, Berlín, 2011.

12] G.P. Galdi, H. Sohr, Existencia y singularidad de tiempo-periódico físicamente razonable Navier-Stokes fluye más allá de un cuerpo, Arch. Ración. Mech. Anal. 172 (2004) 363-406.

13] O.N. Goncharova, Solvability of a nonstationary problem for ecations of free convection with temperature-dependent viscosity, Dinamika Sploshn. Sredy 96 (1990)35-58 (en ruso).

14] J.K. Hale, Asymptotic Behaviour of Dissipative Systems, Mathematical Surveys and Monographs, Amer. Matemáticas. Soc., 25, 1989.

15] H. Inoue, M. Otani, Periodic Problems for Heat Convection Equations in Noncylindrical Domains, Funkcialaj Ekvacioj 40 (1997) 19-39.

[16] D.D. Joseph, Estabilidad de los movimientos de los fluidos, vols. I y II, Springer Tracts Nat. Philos., vol. 28, Springer-Verlag, Berlín, Nueva York, 1976.

17] Y. Kagei, On weak solutions of nonstationary Boussinesq equations, Differential Integral Equations 6 (3) (1993) 587-611.

18] Y. Kim, K. Li, Soluciones fuertes temporales de las ecuaciones 3D de Navier-Stokes con amortiguación, Electrón. J. Ecuaciones diferenciales 2017 (244) (2017) 1-11.

19] Y. Kim, C. Jon, K. Li, Regularidad y singularidad de las soluciones d é biles de las ecuaciones amortiguadas de Navier-Stokes con exponentes variables, J. Physics: Serie de Conferencias 1141(2018)012103.

20] O.A. Ladyzhenskaya, V.A. Solonnikov, N.N. Uraltseva, Linear and Quasilinear Equations of Parabolic Type, Transl. Matemáticas. Monogr., vol. 23, AMS, Providence, RI, 1967.

21] P. Maremonti, Existencia y estabilidad del tiempo

soluciones periódicas en todo el espacio,
No linealidad 4(1991) 503-529.

P. A. Markowich, E. S. Titi, S. Trabelsi,
Asimilación continua de datos para los tres
dimensional Brinkman-Forchheimer-extendido
Modelo Darcy, No linealidad 29, 4 (2016),1292-
1328.

[23] H. Morimoto, Ecuaciones no estacionarias de
Boussinesq, J. Fac. Univ. de Ciencia y Tecnología
de la Sec. de Tokio. IA Math. 39 (1) (1992) 61-75.

24] K.R. Rajagopal, M. R ü zicka, A.R. Srinivasa, En la
aproximación Oberbeck-Boussinesq, Matemáticas.
Models Methods Appl. Sci. 6 (8) (1996) 1157- 1167.

[25] H. Sohr, Las ecuaciones de Navier-Stokes, Un
Elemento...
Enfoque analítico funcional de la empresa,Birkhauser
Verlag, Basilea, 2001.

[26] X. Song, Y. Hou, Attractors for the three
incomprensible dimensional Navier-Stokes
ecuaciones con dampig, Discret Contin. Dyn. Sist.
31(2012) 239-252.

[27] X. Song, Y. Hou, Atractores de uniformes para
Tomas de corriente tridimensionales incomprensibles
ecuaciones con la amortiguación no lineal, J. Math.
Anal.
Appl. 422(2015) 337-351.

28] R. Temam, Ecuaciones de Navier-Stokes y
Análisis Funcional No Lineal, SIAM,
Filadelfia, 1983.

[29] Z. Zhang, X. Wu, M. Lu, Sobre la unicidad de
solución fuerte a las incompresibles Navier-Stokes
ecuaciones con amortiguación, J. Math. Anal. Aplic.
377(2011) 414-419.

[30] Y. Zhou, Regularidad y singularidad para el 3D
ecuaciones incompresibles de Navier-Stokes con
amortiguamiento, Appl. Math. Lett. 25(2012) 1822-
1825.

Printed by Books on Demand GmbH, Norderstedt / Germany